Zhe Chen

Relation microstructure et propriété des films de ZrO2 par MOCVD

AF190448

Zhe Chen

Relation microstructure et propriété des films de ZrO2 par MOCVD

couches minces, contrainte résiduelle, gradient de contrainte, structure cristalline, texture

Presses Académiques Francophones

Impressum / Mentions légales

Bibliografische Information der Deutschen Nationalbibliothek: Die Deutsche Nationalbibliothek verzeichnet diese Publikation in der Deutschen Nationalbibliografie; detaillierte bibliografische Daten sind im Internet über http://dnb.d-nb.de abrufbar.

Information bibliographique publiée par la Deutsche Nationalbibliothek: La Deutsche Nationalbibliothek inscrit cette publication à la Deutsche Nationalbibliografie; des données bibliographiques détaillées sont disponibles sur internet à l'adresse http://dnb.d-nb.de.

Coverbild / Photo de couverture: www.ingimage.com

Verlag / Editeur:
Presses Académiques Francophones
ist ein Imprint der / est une marque déposée de
OmniScriptum GmbH & Co. KG
Heinrich-Böcking-Str. 6-8, 66121 Saarbrücken, Deutschland / Allemagne
Email: info@presses-academiques.com

Herstellung: siehe letzte Seite /
Impression: voir la dernière page
ISBN: 978-3-8381-4632-4

Zugl. / Agréé par: Paris, Université Paris-Sud 11, 2011

Sommaire

Introduction générale :

Les films minces de zircone (ZrO_2) sont d'un intérêt considérable en raison de leurs utilisations dans divers secteurs industriels, et grâce à leurs bonnes propriétés thermiques, mécaniques, électriques et optiques.

Pour toutes ces applications, il est nécessaire de comprendre le mode de croissance des films minces de ZrO_2 lors de leur élaboration et de contrôler les microstructures associées qui ont une grande influence sur leurs propriétés d'utilisations. Les films de ZrO_2 pure sans dopage déposés par le procédé MOCVD (Metal-Organic Chemical Vapor Deposition) présentent souvent la phase tétragonale ou un mélange de phases tétragonale et monoclinique, bien que la phase tétragonale ne soit pas stable à température ambiante. Mais jusqu'à maintenant, peu d'attention est été accordée à la relation entre les paramètres de dépôt et la phase cristalline qui compose des films. Comme les propriétés de ZrO_2 sont fortement dépendantes de la phase cristalline et de la texture cristallographique du film de ZrO_2 élaboré par MOCVD, dans cette étude, l'influence des conditions de dépôt sur la stabilité de la phase tétragonale a été étudiée.

Comprendre la relation entre les microstructures et les paramètres du procédé de MOCVD est la clé pour développer des films avec des microstructures et des propriétés d'utilisation contrôlées. En particulier, l'observation de la texture cristallographique fournit les informations les plus fondamentales et indispensables pour la compréhension du mécanisme de croissance du film pendant le procédé d'élaboration. De nombreux chercheurs ont signalé une orientation cristallographique préférentielle ou des structures colonnaires dans les films minces de ZrO_2 déposés par MOCVD, mais peu d'études ont été publiées sur la corrélation entre la texture et le processus de dépôt. Ce travail de thèse vise à étudier le rôle des conditions de dépôt lors de l'élaboration des films par MOCVD sur l'évolution de la microstructure (morphologies, structure cristalline/phase et texture). Des expériences ont été réalisées en balayant une large gamme de param ètres de d ép ôt afin d'apporter des informations sur le m écanisme de croissance. Par des analyses approfondies des résultats exp érimentaux, trois m écanismes typiques de d ép ôt de ZrO_2 par MOCVD ont ét éproposées à la vue des évolutions des microstructures et des textures. Les mécanismes de dépôt et l'évolution microstructurale associ ée ont ét é discut és dans chapitre 3.

Les contraintes r ésiduelles (CR) sont gén érées lors de la croissance des films (contrainte de croissance) et durant le refroidissement après l'élaboration (contrainte thermique). Ces CR peuvent être la source d'évolution microstructurale et influencent les propriétés d'utilisation. Les CR et leur évolution en fonction de la microstructure sont peu étudiées jusqu'à maintenant. De plus, le niveau des contraintes obtenues dans notre étude varient de la compression à la traction, mais peu d'études considèrent l'existence d'un gradient de contrainte dans le film de ZrO_2. Dans le chapitre 3, l'existence d'un gradient de contraintes résiduelles dans les films de ZrO_2 d épos és par MOCVD a ét é observ ée. Le profil de distribution des contraintes en fonction de la profondeur a ét é analysé par la m éthode de la profondeur de p én étration constante (chapitre 2). L'évolution du niveau de contrainte et la distribution sont discut ées, et le mécanisme de l'apparition des contraintes lors de la croissance est proposé A la fin du chapitre 3, la relation entre les contraintes et la texture est discut ée et clarifi ée ; les mécanismes de l'évolution de la texture sont proposés en se basant sur l'observation expérimentale et l'analyse théorique.

Le chapitre 4 se focalise sur l'étude de la stabilisation de la phase t étragonale de ZrO_2. La stabilisation de la phase t étragonale m étastable de ZrO_2 est généralement attribu ée à une diminution de la taille nanom érique des cristallites : dans le cas de nano-cristaux, o ù l'énergie de surface apporte une contribution majeure dans l'énergie totale du syst ème, le changement de phase à partir de la phase métastable peut diminuer l'énergie totale du système en raison de la différence en termes d'énergie surface/interface entre les phases. Dans cette partie, nous avons étudié un autre facteur : les d éfauts cristallins, en plus de la taille des cristallites et des contraintes internes, qui ont un effet significatif sur la stabilisation de la phase tétragonale métastable dans le système de ZrO_2. D'ailleurs, on a observé que la stabilisation de la phase tétragonale est fortement liée à la forme des cristallites. Les structures en facette de ZrO_2 tétragonale sont liées à une énergie de surface plus basse, une surface de basse énergie peut faire augmenter la taille critique de changement de phase t→m de ZrO_2.

CHAPITRE 1. **Etude bibliographique**

La zircone (ZrO_2) fait partie des matériaux fonctionnels grâce à leur caractéristique diélectrique, conductivité thermique et stabilité chimique. Dans ce chapitre, les principales propriétés de ZrO_2 seront présentées de façon succincte dans un premier temps. L'élaboration du film de ZrO_2 par la méthode MOCVD (Metal-Organic Chemical Vapor Deposition) sera ensuite synthétisée. L'analyse des contraintes résiduelles et de la texture cristallographique associée à l'élaboration du film sera enfin présentée.

1.1 Zircone (ZrO_2)

1.1.1 Propriétés de ZrO_2 et intérêt industriel

L'oxyde de zirconium, appelé zircone (ZrO_2), est un matériau céramique qui existe principalement trois structures cristallines stable distinctes à différentes températures.

Phase	Domaine de stabilité	Paramètres de maille (nm)	Masse volumique (g/cm^3)
Monocliniq ue	T < 1205 °C	a : 0,53129 b : 0,52125 c : 0,51471 β : 99,218 ° (fiche JCPDS : 37 - 1484)	5,56
Tétragonale	1075 °C < T < 2377 °C	a : 0,35984 c : 0,51520 (fiche JCPDS : 50 - 1089)	6,1
Cubique	T > 2377 °C	a : 0,46258 (fiche JCPDS : 51 - 1149)	5,83

Tableau 1-1 Données sur les 3 phases stables de la zircone (ZrO_2).

Les domaines d'applications de la zircone (ZrO_2) sont très diversifiés, puisque la zircone (ZrO_2) présente un grand intérêt en industrie aéronautique, nucléaire et aussi dans le domaine de la micro-électronique. La zircone (ZrO_2) en poudre sert par exemple comme catalyseur ou support de catalyseur dans des procédés tels que la synthèse de gaz par vaporéformage [1,2]. La zircone (ZrO_2) est utilisée également comme élément dans les piles à combustibles [3], ou comme barrière thermique pour les matériaux à haute température [4]. Ses applications sont grâce à ses caractéristiques spécifiques, telles que :

Propriétés mécaniques : la détermination des caractéristiques mécaniques de la zircone (ZrO_2) tétragonale et cubique pures est extrêmement difficile à cause des températures très élevées pour de telles mesures. Par conséquent, seule la zircone (ZrO_2) monoclinique a été étudiée de façon complète dans sa forme pure. Les propriétés de la zircone (ZrO_2) tétragonale et cubique ont été déterminées pour de nombreuses zircones stabilisées à une température ambiante par ajout d'éléments rares. Le module d'Young de la zircone (ZrO_2) de structure monoclinique est autour de 150 - 200 GPa [5,6], alors que celui de la zircone (ZrO_2) tétragonale est plus élevé, 220 GPa (non-dopé nanocristalline) [5]. Le module d'Young de la zircone (ZrO_2) cubique est compris entre 171 et 288 GPa [6]. La dureté de la zircone (ZrO_2) est d'environ 9.2 GPa pour les échantillons monocliniques avec une densité > 98 % [7], 11 GPa pour ZrO_2 dopé par yttrine (1,5 mol % yttrine) [7] et d'environ 15 GPa pour un dopage plus important de yttrine [8].

Propriétés thermiques : le coefficient de dilatation thermique de la zircone (ZrO_2) à différentes directions cristallographies est a : $7,16 \times 10^{-6}$ K^{-1} ; b : $2,16 \times 10^{-6}$ K^{-1} ; c : $1,26 \times 10^{-6}$ K^{-1} pour la phase monoclinique, et a : $10,8 \times 10^{-6}$ K^{-1} ; b : $13,7 \times 10^{-6}$ K^{-1} pour la phase tétragonale [9]. La zircone (ZrO_2) stabilisée dans les revêtements de barrière thermique (TBC) est omniprésente, elle se trouve dans les doublures de combustion, les sections de transition, les aubes de turbine, et les pales de rotor. Son utilisation permet une augmentation de 200 K de la température de fonctionnement du moteur, ce qui entraîne un rendement beaucoup plus élevé [10], grâce à sa faible conductivité thermique (1.675 Wm^{-1}K^{-1} à 100 °C et 2.094 Wm^{-1}K^{-1} à 1300 °C [11]). D'ailleurs la valeur du coefficient de dilatation thermique de la zircone (ZrO$_2$) massive polycristalline tétragonale est 12x10^{-6} K^{-1} [11], similaire à des alliages ferreux.

Propriétés électriques : dans le domaine de la micro-électronique, la zircone (ZrO$_2$) est le matériau candidat pour des applications haut-κ en raison de sa constante diélectrique élevée (ε>20) et sa grande largeur de bande (band gap E$_g$ > 5 eV) [12,13,14]. La zircone (ZrO$_2$) cubique dopée avec des oxydes tels que CaO et Y$_2$O$_3$ est le matériau pour de nombreuses applications à haute température en raison de sa conductivité ionique extrêmement élevée à des hautes températures [15]. La conductivité de ZrO$_2$ tétragonale et monoclinique dépend de la pression d'oxygène [16,17,18]. Et la zircone (tétragonale et monoclinique) est un conducteur mixte ionique et électronique ; sa conductivité varie en fonction de la température et de pression d'oxygène. La conductivité de la zircone (ZrO$_2$) tétragonale a une grande contribution ionique [16] (Figure 1-1). Quand à la zircone (ZrO$_2$) monoclinique, à basses pressions, elle présente un caractère de type n, tandis qu'à des pressions plus élevées, elle présente un caractère de type p (Figure 1-2).

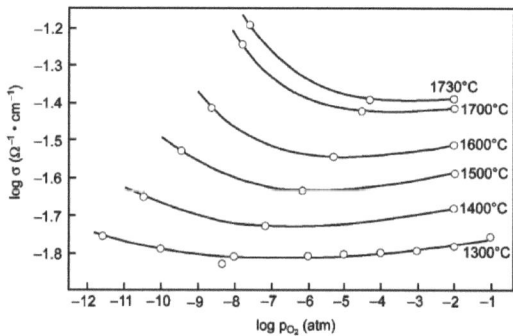

Figure 1-1 Conductivité de la zircone (ZrO$_2$) tétragonale en fonction de la pression d'oxygène [16].

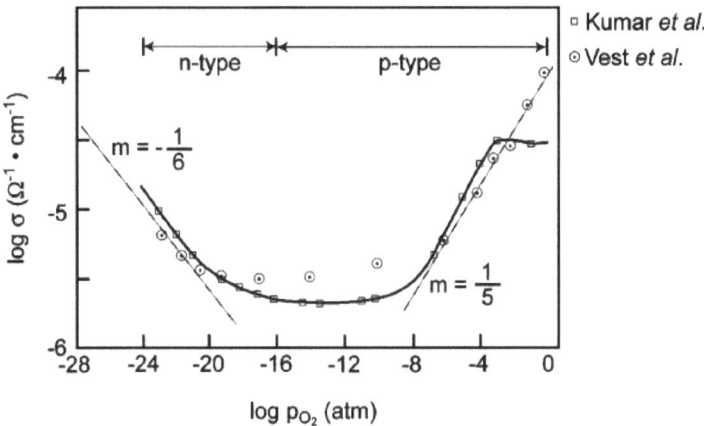

Figure 1-2 Relation entre la pression d'oxygène et la conductivité totale de la zircone (ZrO$_2$) monoclinique à990 °C [17,18].

Propriétés de diffusion : la zircone (ZrO$_2$) dopée, avec environ 8 mol % Y$_2$O$_3$, est utilisée comme électrolyte dans les piles à combustible à oxyde solide. La deuxième utilisation connue de ZrO$_2$ stabilisée est dans les capteurs d'oxygène. La très haute conductivité ionique de ZrO$_2$ dopée est utilisée dans ces types de dispositifs. Les propriétés de diffusion de ZrO$_2$ sont étroitement liées à la conductivité ionique, à la structure de ZrO$_2$ (phase) et à la composition (type et pourcentage du dopant). Les coefficients de diffusion d'oxygène dans ZrO$_2$ pure (monoclinique) à 300 et 700 Torr sont donnés par les équations suivantes [6] :

$$P = 300\,Torr : D = 9.73 * 10^{-3} exp\left\{ -\frac{56 \pm 2.4 cal/mol}{RT} \right\}$$

$$P = 700\,Torr : D = 2.34 * 10^{-2} exp\left\{ -\frac{45300 \pm 1200 cal/mol}{RT} \right\}$$

1.1.2 Structures cristallines de ZrO$_2$: taille de cristallite critique

La phase cubique de ZrO$_2$ cristallise dans un réseau cubique à face centrée de type CaF$_2$ avec chaque cation Zr^{4+} en coordinence et les ions oxygène arrangés en deux tétraèdres égaux. La phase tétragonale de ZrO$_2$ est une structure de type cubique à face centrée, elle est dérivé de la structure cubique de fluorite par le mouvement des anions oxygène suivant de l'un des axes cubiques, ce qui entraîne une distorsion tétragonale longitudinale de cet axe, et la structure monoclinique de ZrO$_2$ peut être décrite comme une distorsion de la structure cubique de type CaF$_2$.

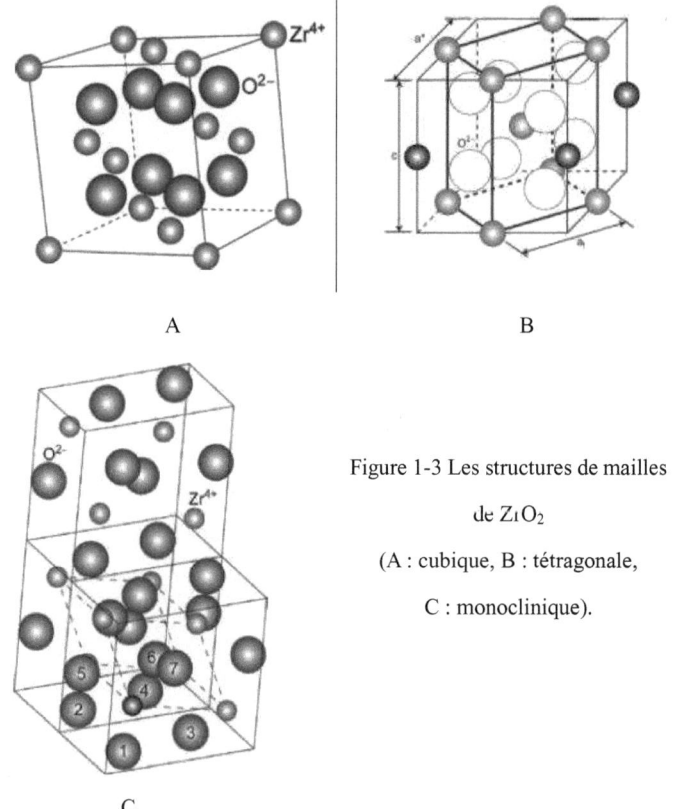

A   B

Figure 1-3 Les structures de mailles

de Z$_1$O$_2$

(A : cubique, B : tétragonale,

C : monoclinique).

C

La zircone (ZrO$_2$) tétragonale existe normalement pour des températures supérieures à 1250 °C, mais elle peut être stabilisée à des températures inférieures sous l'effet de contraintes interne de compression [19,20], ou par ajout des éléments stabilisateurs ou par diminution de la taille des cristallites [21]. En fait, cet effet de cristallites serait liée à l'énergie de surface/interface des cristallites [22]. L'énergie de surface/interface des cristallites tétragonales serait moins élevée que celle des cristallites monoclinique. De nombreux chercheurs ont constaté que la taille critique de transformation de phase t$\leftrightarrow$m de ZrO$_2$ est comprise entre 18 nm et 26 nm pour les films de ZrO$_2$ déposés à des différentes conditions [23], de 6 nm [24,25] et de 18 nm [26] pour des ZrO$_2$ en poudre et pour 30 nm en ZrO$_2$ massif [22]. En raison de l'existence d'une taille critique de nanoparticules pour la stabilisation de la phase métastable tétragonale, la zircone (ZrO$_2$) tétragonale de grande taille des cristallites est irréalisable. Mais Satyajit Shukla *et al.* ont synthétisé, en utilisant la technique de sol-gel et sans dopage d'impureté trivalent, des particules sphériques de ZrO$_2$ avec la taille entre 40-50 nm [27]. Pourtant des nombreuse études ont montré que les contraintes résiduelles existent bien dans des zircones lors de leur élaboration et elles ont un effet extrêmement important sur la stabilisation de phase [28,29,30]. D'ailleurs, la transformation de phase tétragonale à monoclinique accompagnée par une expansion de volume peut être déclenchée par du cisaillement [31]. Ce type de transformation peut avoir lieu près de l'extrémité de la fissure en raison d'une concentration localisée de contraintes, qui peuvent comprimer la pointe de la fissure à la suite du développement de contraintes de compression associées à la transformation de phase. Par conséquent, la propagation de la fissure va être retardée. Un des objectifs de la présente étude est d'étudier la stabilisation de phase tétragonale de ZrO$_2$.

1.1.3 Revêtements de ZrO$_2$: caractéristiques, et méthodes d'élaboration

La zircone (ZrO$_2$) sous forme de films minces est utilisée ou envisagée dans de nombreuses applications industrielles. En fait, la zircone (ZrO$_2$) non dopée sous forme de couches minces est dans un état hors équilibre, et ces films présentent souvent un mélange des deux phases : tétragonale et monoclinique. Par ailleurs une texture cristallographique est souvent observée dans les films de ZrO$_2$ [5]. La relation entre les contraintes résiduelles, la texture cristallographique et la phase cristalline est pour l'instant mal connue pour les films minces de ZrO$_2$. Pourtant la corrélation de ces trois paramètres est indispensable pour mieux comprendre le phénomène de croissance et pour mieux maîtriser les propriétés physiques, chimiques et mécaniques associés à des applications industrielles.

De nombreuses techniques d'élaboration sont envisageables pour réaliser ces films minces, parmi les plus répandues :

- La PVD (Physical Vapour Deposition),
- La PCM (Pulvérisation Cathodique Magnétron, Sputtering),
- La CVD (Chemical Vapour Deposition),
- La MBE (Molecular Beam Epitaxy),
- La méthode de Sol-Gel,
- La PLD (Pulse Laser Deposition).

Les films minces concernés dans le cadre de la présente étude sont des dépôts de ZrO$_2$ obtenus grâce à la technique MOCVD (Metallo-Organic Chemical Vapor Deposition) qui est une technique de dépôt chimique en phase vapeur utilisant des précurseurs métallo-organiques.

1.2 Dépôt de ZrO₂ par MOCVD

1.2.1 Techniques de dépôt : CVD et MOCVD

Le dépôt chimique en phase vapeur (CVD) de films et de revêtements implique les réactions chimiques de réactifs gazeux sur ou près de la proximité d'une surface de substrat chauffé. Ce dépôt peut fournir des matériaux très purs en contrôlant des structures atomiques et la stœchiométrie. En outre, il peut produire une couche unique, des multicouches, des composites, des couches nanostructures et des revêtements avec gradient contrôlé.

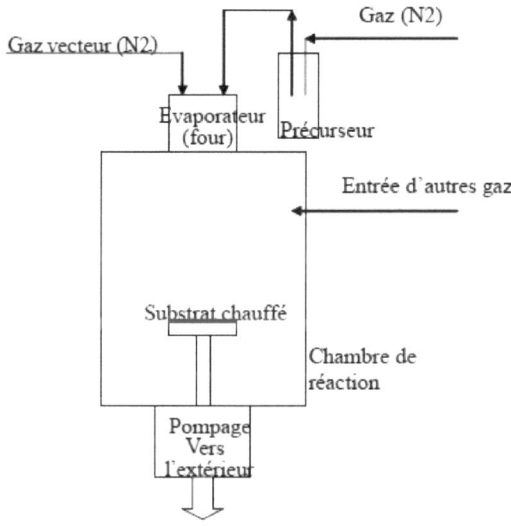

Figure 1-4 Schéma d'un réacteur CVD à précurseurs liquides.

Le dépôt chimique en phase vapeur avec précurseur Métallo-Organique (MOCVD) est une variante du procédé CVD, qui a été nommée suivant le type de précurseur utilisé.

Les avantages du procédé CVD sont les suivants [32] :

- (A) La capacité de production d'une matière très dense et pure ;

- (B) L'obtention de films uniformes avec une bonne reproductibilité, une bonne adhésion des films et la vitesse de dépôt est relativement élevée ;

- (C) Le procédé CVD peut être utilisé pour déposer une couche uniforme avec bonne conformité sur des composants avec géométrie très complexe ;

- (D) La capacité de faire varier la structure cristalline, la morphologie superficielle et l'orientation cristallographique du dépôt en contrôlant les paramètres du procédé CVD ;

- (E) La vitesse de dépôt peut être ajustée facilement ;

- (F) Le coût du dépôt reste raisonnable ;

- (G) La possibilité d'utiliser un large éventail de précurseurs chimiques tels que les halogénures, les hydrures, les métallos-organiques qui permettent de déposer un large spectre de matériaux, tels que les métaux, les carbures, les nitrures, les oxydes, les sulfures, les semi-conducteurs (III-V, II-VI etc…) ;

- (H) Les températures de dépôt restent relativement faibles, et les phases désirées peut être déposées in-situ à basse énergie par les réactions chimiques instantanés en phase vapeur, suivi par la germination (nucléation) et la croissance sur la surface du substrat. Cela permet de déposer de matériaux réfractaires à une température largement inférieure à leurs températures d'utilisation.

Dans la présente étude, les films minces de ZrO_2 sont déposées grâce à la technique d'injection pulsée par MOCVD, les avantages de cette technique sont respectivement les suivants [32] :

a. Réduction du nombre de paramètres de processus de $2n^3$ à 6.

b. L'épaisseur (la vitesse de croissance) et la stœchiométrie du revêtement peut être contrôlée avec précision. Cette caractéristique est particulièrement importante pour la synthèse de super-réseaux, de multicouches avec des géométries complexes au niveau d'empilement à l'échelle nanométrique ou bien pour l'étude de la variation de la stœchiométrie en fonction des propriétés recherchées des

13

matériaux. Une épaisseur moyenne aussi faible que 0,1 nm peut être obtenue à chaque injection en ajustant le temps d'ouverture de l'injecteur et la concentration de la solution. Le multi-empilage complexe peut être réalisé en utilisant deux sources indépendantes avec injection séquentielle.

c. La reproductibilité des propriétés des couches déposées sont renforcées à l'aide du procédé de MOCVD avec l'injection pulsée.

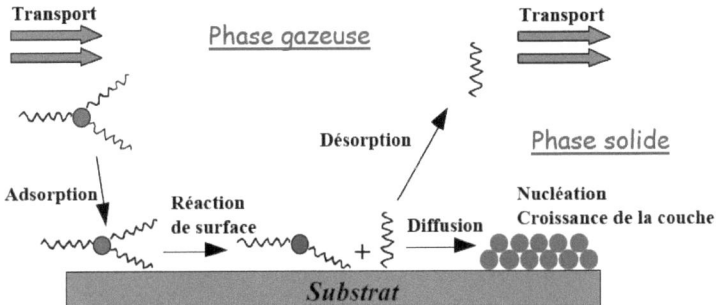

Figure 1-5 Principales étapes du procédé de dépôt chimique en phase vapeur (CVD).

1.2.2 Précurseurs pour dépôt de ZrO₂ par MOCVD

Les premiers précurseurs utilisés pour les dépôts de ZrO_2 par CVD est le tétrachlorure de zirconium ($ZrCl_4$) [33]. Mais les films obtenus avec des précurseurs à base de chlorures métalliques (MCl_x) sont souvent contaminés par des impuretés de chlore ou par l'oxydation des substrats ne sont due seulement aux chlorures. Ainsi, les performances du produit final s'en trouvent dégradées [34].

D'autres familles de précurseurs évitent la majorité des problèmes liés au $ZrCl_4$. Les plus connues sont les composés organométalliques utilisés fréquemment :

- Les β-dicétonates, tels que le 2,2,6,6-tétraméthyl-3,5-heptanedionate (thd) [35 , 36 , 37], le 2,4-pentanedionate (également connu sous le nom acétoacétonate, acac) [38,39] et le dipivaloymethanate(dmp) [40,41].

- Les alcoxydes, tels que l'isopropoxyde (i-OPr) [42], n-propoxide [43] et du

butoxyde (n-OBut) [44,45] ; les éléments métalliques sont généralement en

état d'oxydation, ils ne nécessitent pas la présence d'oxygène pendant le dépôt.

$$Zr(C_{11}H_{19}O_2)_4$$

Figure 1-6 Formule structurale de la molécule du $Zr(thd)_4$.

Dans notre étude, nous avons choisi le $Zr(thd)_4$, un β-dicétonate, comme précurseur parce que la vitesse de dépôt de ZrO_2 est plus importante et ce même précurseur est plus stable pour la température d'évaporation supérieure à 250 °C [46]. L'analyse des films de ZrO_2 réalisées à partir de ce précurseur ($Zr(thd)_4$) montre que la quantité de carbone dans les films est quasiment nulle. Depuis plusieurs années, le LEMHE au sein de l'ICMMO a pu acquérir un savoir faire sur la maîtrise de l'obtention de films ultra minces uniquement composés de ZrO_2 tétragonale avec le précurseur $Zr(thd)_4$ [47,48], la présente étude constitue en partie une continuité des travaux dans le LEMHE.

1.2.3 Problématiques et prospectives du dépôt de ZrO_2 par MOCVD

Le LEMHE a pu obtenir, en jouant sur différents paramètres de dépôts par MOCVD, des films de ZrO_2 majoritairement tétragonales. Les études précédentes

Bernard [47] et Brahim [48] ont été centrés sur l'élaboration et la caractérisation mécanique des films de ZrO₂ déposées sur des substrats en silicium. L'étude des mécanismes de stabilisation et de transformation de la phase tétragonale dans les films de ZrO₂ déposés sur des substrats en acier inoxydable a également été initiée [47]. D'après l'étude de Bernard, avec un temps de dépôt identique, l'épaisseur des films diminue avec l'augmentation de la température ou de la pression partielle. Mais selon la littérature, la vitesse de dépôt en fonction de la température est conforme à une évolution suit la loi d'Arrhenius [32,37,38,41,49] :

$$v = A \exp(-E_a/RT) \qquad 1\text{-}1$$

Où A est une constante, E_a est l'énergie d'activation apparente, R est la constante des gaz, T est la température de dépôt et v la vitesse de dépôt.

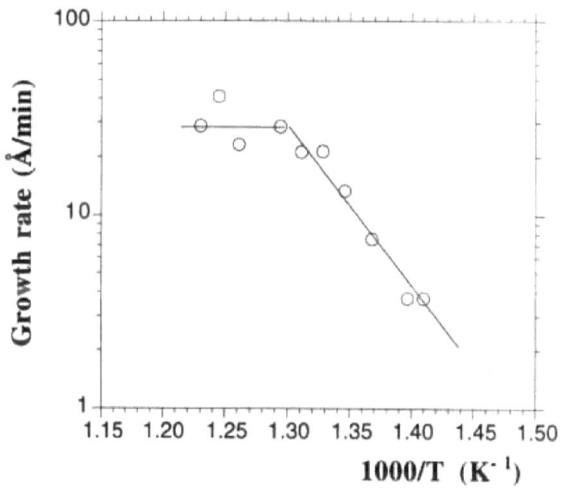

Figure 1-7 Arrhenius de la vitesse de dépôt en fonction de l'inverse de la température [37].

L'évolution logarithmique de la vitesse de dépôt par rapport à l'inverse de la température indique que deux mécanismes différents de dépôt interviennent dans la gamme de température étudiée. A basse température (< 750 °C), la vitesse de dépôt augmente rapidement de façon exponentielle. Cela indique que le mécanisme de limitation de vitesse est la cinétique de réaction de surface (la chimisorption et/ou la réaction chimique, la migration en surface et la désorption). Ces processus de surface dépendent fortement de la température. A des températures de dépôt plus élevées, la cinétique du processus de surface est devenue si rapide que le dépôt est limité par la diffusion de l'espèce active gazeuse à travers la couche solide de dépôt. Le transport de masse est donc limité par la diffusion, et la vitesse de dépôt dépend faiblement de la température. Ce comportement à deux mécanismes semble illustrer une transition classique dans le comportement de croissance : le contrôle de l'interface par la chimie de surface à basses températures et le transport par diffusion à des températures plus élevées. Cependant, la plupart des résultats présentés dans la littérature se sont basés sur un faible débit des précurseurs, et le mécanisme dominant est la déposition en phase gazeuse [32, 37, 38, 41, 49]. Dans le cas de grand débit de précurseurs, l'hypothèse que tous les précurseurs sont en phase gazeuse est discutable, et les nouveaux mécanismes de déposition s'avèrent possibles car la vitesse de dépôt en fonction de la température ne suit pas d'une loi de type Arrhenius. Un autre objectif est donc d'étudier le mécanisme de dépôt sous différentes conditions expérimentales.

Toutefois, les épaisseurs des dépôts élaborés jusqu'à présent au sein du LEMHE ne dépassent pas les 250 nm, et les vitesses de dépôt sont relativement faibles ($\approx$ 0,2 µm/h). Une vitesse importante ($\approx$ 100 µm/h) de dépôt est obtenue par T.Goto [50] ; en utilisant un précurseur de Zr(thd)$_4$; de plus, avec un précurseur de Zr(thd)$_4$, le même de celui utilisé au sein du LEMHE, mélangé à Y(thd)$_3$, Wahl *et al.* ont obtenu une vitesse de dépôt de l'ordre de 50 µm/h en utilisant une chambre chauffée (réacteur à mur chaud) et la microstructure du dépôt associé est colonnaire [51]. La limite de la vitesse du dépôt au sein du LEMHE dans les précédentes études est liée essentiellement au réacteur utilisé, conçu à l'origine pour l'industrie microélectronique, cette type de réacteur est utilisé souvent pour élaborer des films superfins, grâce au petit débit de précurseur (0,01 g/h.cm^2). Un nouveau réacteur de MOCVD a donc été conçu afin d'augmenter la vitesse de dépôt et permettre de réaliser des films beaucoup plus épais. Ce nouveau réacteur se caractérise par un plus grand débit de précurseur (jusqu'à 0,5 g/h.cm^2).

Les contraintes résiduelles ont un effet extrêmement important sur la stabilisation de phase tétragonale. Un des objectifs de cette thèse est d'étudier la relation entre la microstructure, les contraintes résiduelles et la texture cristallographique des films de ZrO$_2$. Du fait de la croissance anisotrope des films et les différents mécanismes qui interviennent à différents moments de la croissance, un gradient de contraintes résiduelles peut être observé en fonction de l'épaisseur de films obtenus [52]. Dans le cas de forts gradients de contraintes, l'application de la méthode classique sin$^2\psi$ de détermination de contraintes par DRX s'avère être très limitée. Par ailleurs, les films de ZrO$_2$ synthétisés par MOCVD contiennent souvent une texture cristallographique, et l'analyse du gradient des contraintes résiduelles dans des films minces avec une texture cristallographique marquée est très difficile, parce que le matériau devient anisotrope à l'échelle macroscopique. En raison de l'orientation préférentielle des cristallites, les directions de mesure possibles par la méthode de DRX sont restreintes (essentiellement centrées sur des pôles de texture) [53,54]. Un autre objectif de la présente étude est donc de trouver une ou des méthodologies adaptées pour analyser le gradient de contrainte résiduelle dans le cas de films minces.

1.3 Contraintes internes dans les films minces

1.3.1 Définition des contraintes résiduelles et trois ordres de contraintes

Les contraintes résiduelles (CR) sont des contraintes qui ont été générées dans un matériau à un instant donné du fait d'une incompatibilité de déformation (élastique et plastique) et qui persistent en l'absence de toute sollicitation extérieure par rapport à un état de référence. Elles sont définies par leurs aspects macros et macroscopiques au niveau du matériau. Cependant, l'origine de ces CR est liée au fait que le matériau fait partir d'un produit ou demi-produit élaboré suivant différents processus, puis soumis à diverses sollicitations mécaniques et thermiques et/ou à des transformations métallurgiques. Il est donc important de noter d'une part, qu'indépendamment des CR introduites par le moyen d'élaboration principal, des CR peuvent préexister dans le matériau, et que d'autre part, les contraintes d'élaboration peuvent être modifiées ultérieurement par des sollicitations extérieures (fatigue, cycles thermiques...) ou par des traitements de surface (dépôt/revêtement, usinage, traitement chimique et thermochimique...). Dans le cas de revêtements, l'origine des CR est liée surtout au procédé d'élaboration. L'existence des déformations et des contraintes résiduelles peut influencer les propriétés d'utilisation (physico-chimiques, mécaniques...) des matériaux élaborés.

Un matériau est normalement constitué de plusieurs phases métallurgiques de structure cristalline différente qui sont, elles mêmes, composées d'une multitude de cristallites. Généralement, pour un matériau polyphasé, les propriétés mécaniques des phases et des constituants sont hétérogènes et anisotropes. Le comportement sous une sollicitation extérieure est alors une moyenne des comportements des phases constituant le matériau. Dans une phase non soumise à des sollicitations externes, une cristallite est considérée comme un monocristal. Lors d'un chargement extérieur suffisamment élevé pour induire des déformations plastiques, des sous joints de cristallites et des dislocations peuvent apparaître dans le matériau. Ceux-ci sont le résultat des interactions et des réarrangements des dislocations au cours de la déformation.

Mécanismes de génération des contraintes résiduelles

A cause du caractère polycristallin et hétérogène des matériaux, les sources de CR peuvent provenir des déformations aux échelles macroscopiques, mésoscopiques (à l'échelle de la cristallite) et microscopiques [55].

Ordre I (σ_I) - Les CR macroscopiques : elles sont homogènes sur un très grand nombre de domaines du matériau (plusieurs cristallites soit quelques dixièmes de millimètres à quelques millimètres). Les forces internes liées à ces contraintes sont en équilibre dans chaque section, et les moments liés à ces forces sont nuls autour de tout axe. Des variations dimensionnelles macroscopiques résultent toujours d'une modification de l'équilibre des forces et des moments liés à ces contraintes.

Ordre II (σ_{II}) - Les CR mésoscopiques : elles sont homogènes sur de petits domaines du matériau (une cristallite ou une phase soit à une échelle de quelques dizaines de micromètres). Les forces internes et les moments liés à ces contraintes sont en équilibre dans un assez grand nombre de cristallites. Des variations dimensionnelles macroscopiques peuvent résulter d'une modification de cet équilibre.

Ordre III (σ_{III}) - Les CR microscopiques : elles sont inhomogènes sur les plus petits domaines du matériau (quelques distances interatomiques, soit de l'ordre de quelques dizaines de nanomètres). Les forces internes et les moments liés à ces contraintes sont en équilibre dans ces très petits domaines. Les modifications d'équilibre n'entraînent aucune variation dimensionnelle macroscopique.

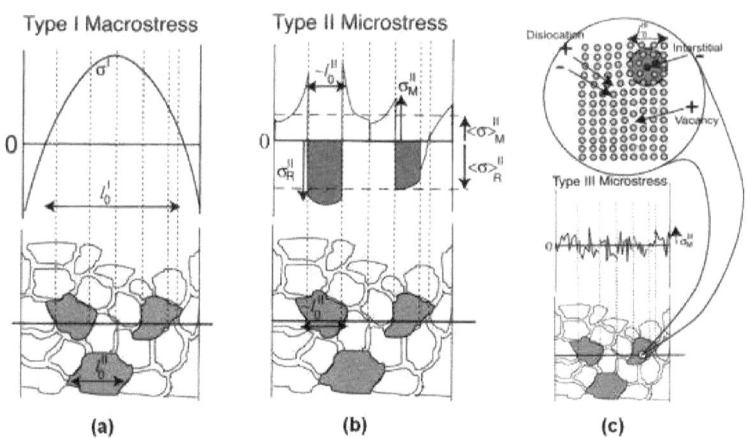

Figure 1-8 Représentation des différents ordres de contraintes (ou déformations) pour

un matériau monophasé: (a) Type I (échelle macroscopique), (b) Type II (échelle mésoscopique) et (c) Type III (échelle microscopique) [56].

Cette définition propose une séparation très théorique des différents ordres de contraintes, chacun de ces trois ordres de contraintes n'est atteint par une méthode de mesure. Néanmoins, elle a pour intérêt de montrer que toute hétérogénéité de déformation introduite à toutes les échelles dans la structure entraîne la génération et la variation de CR.

1.3.2 Contraintes résiduelles dans système de films minces

Les contraintes résiduelles dans les systèmes de films minces sont les résultats d'interaction entre des contraintes de croissance (d'origine chimique et physique) du film sur son substrat lors de l'élaboration et des contraintes d'origine thermique du fait de la différence de coefficient de dilatation thermique entre le film et le substrat lors du refroidissement de la température du dépôt à la température ambiante.

1.3.2.1 Contraintes de croissance

Ce sont des contraintes qui sont générées pendant le dépôt et dans ce cas les sources de contraintes sont nombreuses. Cependant, certains auteurs ont effectué la détermination des contraintes de croissance in-situ au cours du processus CVD [57]. La littérature a indiqué que le désaccord de maille cristalline du substrat et du film déposé est en partie responsable du mécanisme de génération de contrainte de croissance [57]. Il a été démontré que la coalescence des îlots peut être responsable d'une transition de contraintes de compression à des contraintes de traction dans des films métalliques polycristallins [58, 59]. Cette coalescence est également supposée entrainer la formation de contraintes résiduelles de traction lors du dépôt CVD [60,61].

La difficulté de détermination des contraintes de croissance réside dans la possibilité de la mesure expérimentale et dans la séparation des différentes sources de contraintes, d'une part et de compréhension des mécanismes du dépôt chimique et de génération de contraintes, d'autre part.

1.3.2.2 Contraintes thermiques

Ce sont des contraintes qui sont générées lors du refroidissement qui suit le dépôt. Elles sont dues tout simplement à la différence des coefficients de dilatation thermique entre le substrat et le film déposé L'amplitude de ces contraintes est d'autant plus l'importance que la différence des coefficients de dilatation est grande. Comme le coefficient de dilatation du l'oxyde ZrO_2 (12×10^{-6} mK^{-1}m^{-1} [62]) est largement supérieur à celui du substrat de silicium ($2,6 \times 10^{-6}$ mK^{-1}m^{-1} [63]). Lors du refroidissement, le film ZrO_2 se rétréci plus vite que le substrat, afin de conserver l'intégrité du système dépôt/substrat, le dépôt est étiré tandis que le substrat est compressé Au final, le dépôt se trouve en traction et le substrat silicium en compression. Ceci met en évidence l'importance de la valeur des coefficients de dilatation utilisé pour qualifier les contraintes thermiques.

En ce qui concerne l'évaluation quantitative de ces contraintes d'origine thermique, le modèle souvent utilisé est proposé par Tien et Davidson [64]. Ils tiennent également compte de la variation des paramètres physiques en fonction de la température. La contrainte thermique dans le film est décrite par l'équation suivante :

$$\sigma_t = -\int_{T_i}^{T_f} \frac{\frac{E_{ox}}{1-\upsilon_{ox}}[a_{ox}-a_s]}{1+\frac{t_{ox}E_{ox}}{t_s}\frac{1-\upsilon_s}{E_s}\frac{1-\upsilon_s}{1-\upsilon_{ox}}} dT \qquad 1\text{-}2$$

Avec : E_{ox}, E_s : module de Young respectivement de l'oxyde et du substrat ;

t_{ox}, t_s : épaisseur respectivement de l'oxyde et du substrat ;

υ_{ox}, υ_s : coefficient de Poisson respectivement de l'oxyde et du substrat ;

α_{ox}, α_s : coefficient de dilatation thermique respectivement de l'oxyde et du substrat.

Cette équation a été établie avec un modèle élastique. La valeur ainsi calculée est la contrainte moyenne dans le film d'oxyde, les distributions des contraintes dans chaque partie du système (dépôt et substrat) n'étant pas prises en considération.

1.3.3 Analyse des CR par DRX : méthode classique des $\sin^2\psi$ et limitation de la méthode

1.3.3.1 Principe d'analyse de déformation par DRX

La diffraction des rayons X (DRX) a pour origine un phénomène de diffusion cohérente des photons incidents par un très grand nombre d'atomes. Ces atomes étant arrangés de façon périodique en un réseau, les rayons X diffusés de façon cohérente par rapport aux faisceaux incidents (les faisceaux diffractés) ont des relations de phase entre eux, relations qui peuvent être destructives ou constructives suivant les directions. Les directions constructives correspondant aux faisceaux diffractés sont définies par la loi de Bragg :

$$2d_{hkl}\sin\theta = n\lambda \qquad \text{1-3}$$

où λ : la longueur d'onde monochromatique,

n : l'ordre de diffraction,

d_{hkl} : la distance inter réticulaire des plans {hkl},

θ : l'angle de diffraction.

La distance interréticulaire d_{hkl} des plans {hkl} sur lesquels est effectuée la mesure de DRX est reliée à la position 2θ de la raie de diffraction par l'intermédiaire de la loi de Bragg. Toute déformation élastique homogène du cristal analysé va se traduire par une variation de cette distance d_{hkl}, les plans {hkl} ayant tendance à se rapprocher dans les directions en compression et à s'éloigner dans les directions en traction. La déformation mesurée peut donc s'exprimer en fonction de d_{hkl} et par suite en fonction de 2θ (Figure 1-9), par rapport à un état de référence du matériau que nous appelons état sans contrainte. Les déformations correspondent aux variations des distances interréticulaires d_{hkl} qui se traduiront par un déplacement de la raie de diffraction d'une quantité $\Delta 2\theta$ donnée par la différentiation de la loi de BRAGG :

$$\varepsilon = \frac{d-d_0}{d_0} \rightarrow \varepsilon = \frac{\sin\theta_0}{\sin\theta} - 1 \rightarrow \varepsilon = -\cot\theta_0 * \Delta\theta \qquad \text{1-4}$$

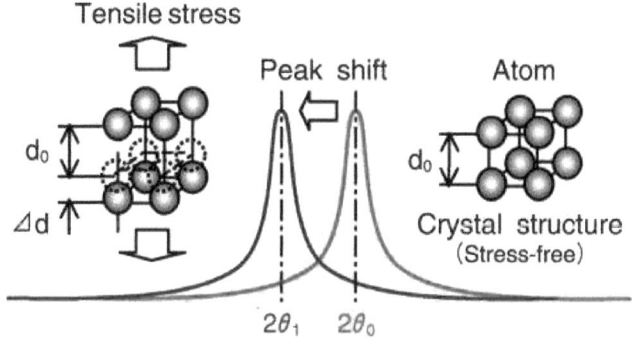

Figure 1-9 Variation de la distance interréticulaire et de l'angle de diffraction en fonction de la déformation élastique du réseau cristallin.

1.3.3.2 Méthode classique des sin²ψ

La distance interréticulaire (d_{hkl}) des plans {hkl} sur laquelle est effectuée la mesure de DRX est reliée à la position angulaire 2θ de la raie de diffraction par l'intermédiaire de la loi de Bragg. La déformation mesurée $\varepsilon_{\varphi\psi}$ selon la direction φ avec l'angle variable ψ (référence d'échantillon) s'exprime alors :

$$\varepsilon_{\varphi\psi}(hkl) = \frac{1}{2}s_2(hkl)\begin{Bmatrix}[\sigma_{11}cos^2\varphi + \sigma_{22}sin^2\varphi + \sigma_{12}\,sin\,2\varphi]sin^2\psi\\+[\sigma_{13}cos\varphi + \varphi_{23}sin\varphi]sin2\psi + \varphi_{33}cos^2\psi\end{Bmatrix} +$$
$$s_1(hkl)[\sigma_{11} + \sigma_{22} + \sigma_{33}] \qquad \text{1-5}$$

L'équation 1-4 reflète les deux côtés de analyse de contraintes concernant l'isotropie macroscopique sous forme de l'équivalence formelle de toutes les directions de mesure (φ, ψ) d'une part, et l'anisotropie des cristallites individuelles sous forme de la dépendance {hkl} des constantes élastiques (CE), s_1 et $\frac{1}{2}s_2$, d'autre part.

L'expression de la déformation mesurée peut également être notée sous une forme plus condensée :

$$\varepsilon_{\varphi\psi} = F_{ij} * \sigma_{ij} \tag{1-6}$$

Les F_{ij} ont des coefficients appelés constants élastiques radiocristallographiques (CER). Les CER F_{ij} peuvent s'écrire en fonction des angles φ et ψ et des constantes élastiques :

$$F_{11}(hkl) = \frac{1}{2}S_2(hkl)cos^2\varphi sin^2\psi + S_1(hkl)$$

$$F_{22}(hkl) = \frac{1}{2}S_2(hkl)sin^2\varphi sin^2\psi + S_1(hkl)$$

$$F_{33}(hkl) = \frac{1}{2}S_2(hkl)cos^2\psi + S_1$$

$$F_{12}(hkl) = \frac{1}{4}S_2(hkl)sin2\varphi sin^2\psi$$

$$F_{13}(hkl) = \frac{1}{4}S_2(hkl)cos\varphi sin2\psi$$

$$F_{12}(hkl) = \frac{1}{4}S_2(hkl)sin\varphi sin2\psi \tag{1-7}$$

Des constants élastiques peuvent être calculés en modélisant le comportement mécanique de l'agrégat polycristallin ou bien elles peuvent être mesurées expérimentalement. Dans le cas où le matériau soit isotrope macroscopiquement et que les contraintes soient homogènes dans le matériau, les constantes élastiques s'écrit :

$$\frac{1}{2}S_2 = \frac{1+\upsilon}{E} \ ; \ S_1 = -\frac{\upsilon}{E} \tag{1-8}$$

Pour le cas où la contrainte résiduelle est uniaxiale ($\sigma_{11} = \sigma_{22}$, $\sigma_{33} = 0$) et $\varphi=0$ la déformation s'exprime selon l'équation suivante :

$$\varepsilon_{\varphi\psi} = \frac{1}{2}S_2\sigma_{11}sin^2\psi + S_1\sigma_{11} \tag{1-9}$$

1.3.3.3 Géométrie de diffraction

En diffraction des rayons X conventionnelle pour un matériau polycristallin, l'angle ψ, défini entre la normale à la surface de l'échantillon et la normale au plan diffractant, varie quand l'échantillon subit une rotation hors plan. Les stratégies pour analyse des contraintes basées sur la méthode des $\sin^2\psi$ utilisent soit le mode-ω(l'échantillon tourne autour d'un axe perpendiculaire au plan de diffraction, qui coïncide avec l'axe de la diffraction angle, Figure 1-10a) ou le mode-χ (l'échantillon bascule autour d'un axe qui est défini par l'intersection du plan de diffraction et la surface de l'échantillon (Figure 1-10.b). Le changement de l'angle ψ est associé à une variation de l'angle d'incidence et il en résulte des variations de la profondeur de pénétration. La profondeur de pénétration moyenne est en fait la profondeur de pénétration τ correspondant à une intensité de 1/e I_0 (e=2,71). Cette profondeur correspond au barycentre de la distribution en profondeur de l'intensité et correspond à une absorption d'environ 66% de l'intensité incidente initiale I_0 dans le volume diffracté [65].

La pénétration du faisceau est de l'ordre de quelques microns à quelques dizaines de microns pour des matériaux massifs polycristallins dans les conditions de laboratoire.

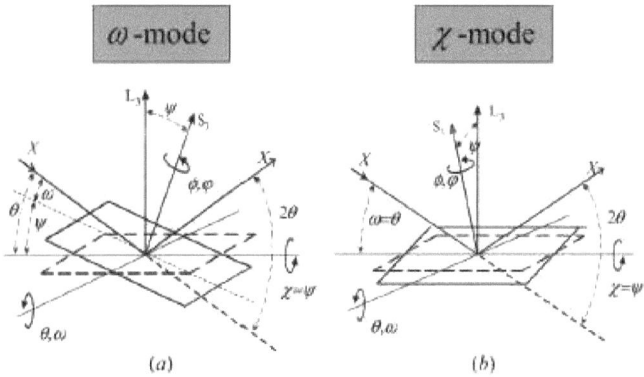

Figure 1-10 Définition des angles pour la géométrie de diffraction et la variation de l'angle ψ en (a) mode-ω (ici $\psi<0$) et (b) mode-χ [66].

L_3 : la normale au plan de diffraction,

S_3 : la normale à la surface de l'échantillon.

1.3.3.4   Limites de la méthode des $\sin^2\psi$

La méthode de $\sin^2\psi$ est développée avec les hypothèses suivantes [55] :

a. Le matériau est isotrope macroscopiquement.

b. La contrainte est homogène dans le volume étudié.

c. La distribution d'orientation des cristallites est statistiquement homogène.

Ces trois hypothèses sont vérifiées dans beaucoup de cas rencontrés en pratique.

Toutefois, si elles ne sont pas vérifiées, par exemples : l'existence d'un gradient de contraintes en fonction de la profondeur (les contraintes ne sont plus homogène), l'apparition d'une forte texture cristallographique ou un matériau contenant de grosses cristallites (le matériau est anisotrope macroscopique), la méthode classique ne permet plus d'évaluer de façon précise le niveau et la distribution des contraintes résiduelles. Dans les films minces déposés, les phénomènes du gradient de contraintes et de la texture sont souvent observés [52, 67]. Il faut donc développer des nouvelles méthodologies de DRX pour s'affranchir de ces problèmes d'hétérogénéité et d'anisotropie.

1.3.4 Gradient de contrainte

Le gradient de contraintes résiduelles est observé dans de nombreux cas pratiques [68,69,70,71,72]. Diverses méthodes de l'analyse des gradients de contraintes ont été proposées dans la littérature (Par exemples : Predecki *et al.* [73] ; van Acker *et al.* [74] ; Genzel [52,53,54,75] ; Kumar *et al.* [76] ; Cristy *et al.* [77] ; Hauk [78] ; Bein *et al.* [79] ; Behnken et Hauk [80] ; Kampfe *et al.* [81] ; Skrzypek *et al.* [82] ; Peng *et al.* [83,84]). Ces méthodes impliquent différentes stratégies de mesure expérimentale et peuvent être classées en deux catégories.

Dans la première catégorie, les stratégies ont été développées pour adapter la méthode classique des $\sin^2\psi$ au cas où le gradient important est présent dans la profondeur de pénétration des rayons X. En général, la profondeur nominale de pénétration du faisceau incident varie au cours de la mesure (Par exemple, différents angles de ψ correspondent à différentes profondeurs de pénétration). Cette variation de la profondeur de pénétration est ensuite utilisée dans l'analyse pour extraire des informations très locales (angle par angle ou point par point) sur le gradient de contrainte. Les procédures mathématiques sont, cependant, complexes et avec des incertitudes qui sont difficiles à juger.

Dans la seconde catégorie, la profondeur de pénétration est maintenue constante au cours d'une analyse d'une contrainte avec différents angles de rotation par diffraction de rayon X, et des informations à différentes profondeurs sont alors obtenues par diffraction à profondeur choisie et préfixée. Ces méthodes présentent l'avantage que l'état de contrainte correspondant à une profondeur de pénétration particulière peut être aisément déduit à partir des déformations mesurées.

Dans la présente étude, la méthode de DRX en faible incidence (GIDRX) issue de la seconde catégorie sera décrite et discutée. L'idée de base est de combiner le mode-ω et le mode-χ, et de garder la profondeur de pénétration constante en faisant varier, par un choix approprié d'un jeu de l'angle d'incident ω, l'angle ψ et l'angle de rotation φ, respectivement.

1.4 Texture cristallographique

1.4.1 Introduction de la texture

La texture cristallographique est une anisotropie, en fonction des orientations d'observation, présentée dans les matériaux, lorsque les grains ou les cristallites possèdent une ou plusieurs orientations préférentielles. L'anisotropie cristallographique trouve son origine dans le processus de fabrication. En effet, elle est souvent observée dans le processus de déformation mécanique, ou après un traitement thermique, ou lors la croissance des films minces de ZrO_2. Kunihiko *et al.* [85] ont observé la texture dans le film de ZrO_2 déposé par PVD. Une structure colonnaire qui implique une forte texture est souvent obtenue dans les films de YSZ ou de ZrO_2 pure élaborés par MOCVD : Dubourdieu [37] ; Tu [41] ; Goto [50] ; Pulver *et al.* [86].

1.4.2 Représentation de l'orientation cristallographique des matériaux poly-cristallin et angles d'Euler

La représentation de la texture est généralement donnée par l'orientation de cristallites (le repère cristallin) par rapport à un référentiel lié à l'échantillon (le repère laboratoire). Les trois directions (DL, DT, DN) orthogonales définissant ces référentiels. Dans le cas d'une tôle laminée, DL est la direction de laminage de la tôle, DT est la direction transverse et DN est la direction normale au plan de laminage. En revanche, dans le cas de film mince présente souvent une symétrie de révolution, DN est parallèle à la normale du film.

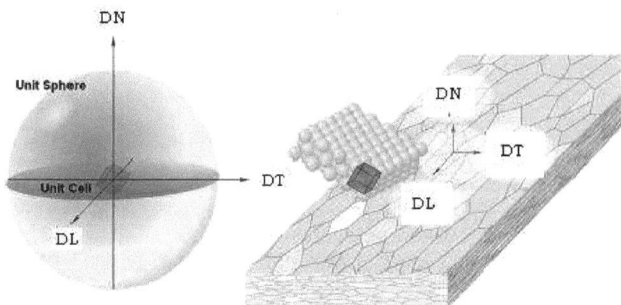

Figure 1-11 Définition des repères pour l'analyse de la texture.

Le second référentiel lié aux cristallites est construit selon la symétrie cristallographique. L'orientation des cristallites est définie par la matrice de passage entre les 2 référentiels liés aux cristallites et à l'échantillon. Deux représentations de l'orientation sont possibles.

Les angles d'Euler [87] $(\varphi_1, \phi, \varphi_2)$ sont la représentation principale utilisée dans l'étude des FDOC (Fonction de Distribution des Orientations Cristallites). Ils sont définis ci-dessous, et ils décrivent l'ensemble des trois rotations permettant d'amener le repère associé à l'échantillon {E} (DL, DT, DN) en coïncidence avec celui associé à la cristallite {C} (ox, oy, oz), voir Figure 1-12.

$\varphi_1(0 \leq \varphi_1 \leq 2\pi)$ Rotation autour de DN (DL, DT, DN---x_1, y_1, z_1) ;

$\phi(0 \leq \phi \leq \pi)$ Rotation autour de x_1(x_1, y_1, z_1---x_2, y_2, z_2) ;

$\varphi_2(0 \leq \varphi_2 \leq 2\pi)$ Rotation autour de z_2(x_2, y_2, z_2---x, y, z).

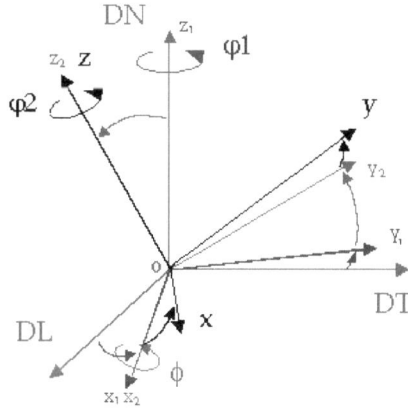

Figure 1-12 Représentation de l'orientation cristallographique par les angles d'Euler [87].

Les repères {C} et {E} sont liés par la relation :

$$\{C\} = g(\varphi_1, \phi, \varphi_2) * \{E\} \qquad 1\text{-}10$$

Avec :

$g(\varphi_1, \phi, \varphi_2) =$

$$\begin{pmatrix} cos\varphi_1 cos\varphi_2 - sin\varphi_1 sin\varphi_2 cos\phi & sin\varphi_1 cos\varphi_2 + cos\varphi_1 sin\varphi_2 cos\phi & sin\varphi_2 sin\phi \\ -cos\varphi_1 sin\varphi_2 - sin\varphi_1 cos\varphi_2 cos\phi & -sin\varphi_1 sin\varphi_2 + cos\varphi_1 cos\varphi_2 cos\phi & cos\varphi_2 sin\phi \\ sin\varphi_1 sin\phi & -cos\varphi_1 sin\phi & cos\phi \end{pmatrix} \ 1\text{-}11$$

1.4.3 Figures de Pôles et FDOC

Nous pouvons décrire la texture cristallographique de manière qualitative à l'aide de figures de pôles directes, basées sur la projection stéréographique, ou quantitativement en utilisant la Fonction de Distribution des Orientations Cristallites (FDOC). Une figure de pôles directe (FDP) est la projection stéréographique sur un plan de l'échantillon de la distribution des densités de pôles d'une famille de plans {hkl} dans toutes les directions de l'échantillon. Pour représenter les faces du cube dans la projection stéréographique, on détermine le point d'intersection du vecteur normal de chaque face du cube avec la surface de la sphère unité, et reliant les points d'intersection avec le pôle sud on obtient les points d'intersection (1', 2', 3 ') dans le plan équatorial (Figure 1-13).

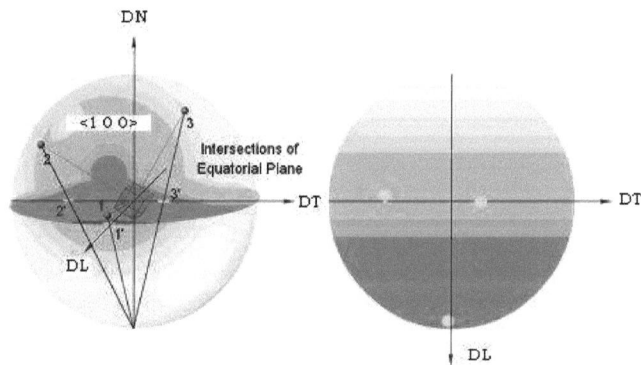

Figure 1-13 Projection stéréographique

A partir de la figure de pôles, la texture peut être décrite de façon qualitative à l'aide du repérage dans l'espace, des pôles d'intensité diffractant. La Fonction de Distribution des Orientations Cristallites (FDOC) permet de caractériser quantitativement la texture cristallographique du matériau étudié. Pour un échantillon de volume total V_0, FDOC f (g) est proportionnelle à la fraction du volume dV (g) des cristallites dont l'orientation est comprise entre g et g + dg. Par conséquent, FDOC est donnépar :

$$\frac{dV}{V_0} = K \cdot f(g) \cdot dg \qquad \text{1-12}$$

Avec K est un paramètre constant.

D'où en intégrant,

$$K \int f(g)dg = \frac{1}{V_0}\int_{V_0} dV = 1 = K \int_0^{2\pi}\int_0^{\pi}\int_0^{2\pi} f(\varphi_1\phi\varphi_2) * sin\phi * d\varphi_1 d\phi d\varphi_2$$

1-13

Avec :

$$\varphi_1(0 \leq \varphi_1 \leq 2\pi), \quad \phi(0 \leq \phi \leq \pi), \quad \varphi_2(0 \leq \varphi_2 \leq 2\pi)$$

Pour un échantillon non texturé (isotrope), c'est-à-dire présentant une distribution uniforme d'orientations, f(g) a une valeur constante quelle que soit g. Si l'on prend f(g) = 1, il vient K= $1/8\pi^2$.

Dans notre étude, nous avons utilisé le logiciel LaboTeX qui est basé sur la méthode discrète ADC (Arbitrarily Defined Cells) développée par Pawlik *et al.* [88]. L'avantage de cette méthode est qu'elle nécessite relativement peu de figures de pôles pour le calcul d'une FDOC.

Pour analyser une texture cristallographique, deux paramètres sont régulièrement utilisés :

- L'indice de texture (I) qui est le paramètre caractérisant l'état global de la texture. Il est égal à 1 pour un état isotrope et plus la texture est accusée plus l'indice de texture est élevé. Il est calculé à partir de l'expression suivante :

$$I = \frac{1}{8\pi^2}\int_G f^2(g) \cdot dg \qquad \text{1-14}$$

Où f (g) est la valeur de la FDOC et G est l'espace d'Euler.

L'erreur relative sur le calcul de la FDOC est estimée par l'équation suivante :

$$RP\{hkl\} = \frac{1}{N}\left| \sum_{i=1}^{N} \frac{\{PF_{exp}\}_i - \{PF_{calc}\}_i}{\{PF_{exp}\}_i}\right| \cdot 100\% \qquad \text{1-15}$$

Où $\{PFexp\}_i$ et $\{PFcalc\}_i$ sont respectivement les densités de pôles expérimentales et celles recalculées au même point i, N est le nombre de points mesurés pour chaque figure de pôles. Les taux d'erreurs généralement obtenus sont inférieurs à 5%.

1.5 Conclusion

Ce chapitre résume les propriétés et les applications industrielles de films de zircone (ZrO_2), ainsi que leur élaboration par le procédé MOCVD. Des problématiques et prospectives du dépôt de ZrO_2 par MOCVD ont également été spécifiées. Ensuite, les méthodes d'analyse des contraintes résiduelles et d'analyse de texture cristallographique par diffraction des rayons X (DRX) ont été exposées ou expliquées.

D'après la recherche bibliographie, les problèmes suivants ont été posés puis ont été étudiés par la suite :

- L'analyse expérimentale du gradient de contraintes résiduelle par DRX en faible incidence dans les films minces de ZrO_2 ;

- Le mécanisme de croissance de films de ZrO_2 par MOCVD ;

- L'évolution des contraintes résiduelles et de la texture au sein des films déposés en fonction des paramètres de processus ;

- Les causes de la stabilisation de la phase tétragonale de ZrO_2 ainsi que les principaux paramètres qui provoquent un changement de phase.

Références :

[1] A.Méthivier, Thèse de doctorat, ENSM et INPG, Saint Etienne, (1992).

[2] A.Méthivier, M.Pijolat, J. Catal. 139 (1993) 329.

[3] R.J.Gorte, J.M.Pijolat, J. catal. 216 (2003) 477.

[4] P.Vinvenzini, Industrial. Ceram. 10 (1990) 113.

[5] O.Bernard, A.M.Huntz, M.Andrieux, W.Seiler, V.Ji, S.Poissonnet, Appl. Surf. Sci. 253 (2007) 4626.

[6] J.F.Shackelford, R.H. Doremus, Ceramic and Glass Materials: Structure, Properties and Processing, New York: Spring-Verlag (2008)

[7] A.Bravo-Leon, Y.Morikawa, M.Kawahara, M.J.Mayo, Acta. Mater. 50 (2002) 4555.

[8] T.Sakuma, Y.I.Yoshizawa, H.Suto, J. Mater. Sci. 20 (1985) 2399.

[9] D.Simeone, G.Baldinozzi, D.Gosset, M.Dutheil, A.Bulou, T.Hansen, Phys. Rev. B. 67 (2003) 064110.

[10] D.W.Richerson, Modern Ceramic Engineering Properties, Processing and Use in Design, Taylor and Francis Group, Boca Raton, (2006).

[11] J.Park , Bioceramics, Springer, New York, (2008).

[12] C.Zhao, G.Roebben, H.Bender, T.Young, S.Haukka, M.Houssa, M.Naili, S.De Gendt, M.Heyns, O.Van Der Biest, Microelectronics Reliability. 41 (2001) 995.

[13] T.Ngai, W.J.Qi, R.Sharma, J.Fretwell, X.Chen, JC.Lee, S.Banerjee, Appl. Phys. Lett. 76 (2000) 502.

[14] M.Morita, H.Fukumoto, T.Imura, Y.Osaka, M.Ichihara, J. Appl. Phys. 58 (1985) 2407.

[15] J.D.Comins, P.E.Ngoepe, C.R.A.Catlow, J. Chem. Soc. Faraday Trans. 86 (1990) 1183.

[16] R.W.Vest, N.M.Tallan, J. Am. Ceram. Soc. 48 (1965) 472.

[17] A.Kumar, D.Rajdev, D.L.Douglass, J. Am. Ceram. Soc. 55 (1972) 439.

[18] R.W.Vest, N.M.Tallan, and W.C. Tripp J. Am. Ceram. Soc. 47 (1964) 635.

[19] S.Block, J.A.H.Jordana, G.J.Piermarini, J. Am. Ceram. Soc. 68 (1985) 497.

[20] H.Arashi, M.Ishigame, Phys. stat. Sol. 71 (1982) 313.

[21] P.F.becher, M.V.Swain, J. Am. Ceram. Soc. 75 (1992) 493.

[22] R.C.Garvie, J.Phys.Chem. 69 (1965) 1238.

[23] Z.Ji, J.A.Haynes, M.K.Ferber, J.M.Rigsbee, Surf. Coat. Technol. 135 (2001) 109.

[24] R.Nitsche, M.Rodewald, G.Skandan, H.Fuess, H.Hahn, Nanostruct. Mater. 7 (1996) 535.

[25] R.Nitsche, M.Winterer, H.Hahn, Nanostruct. Mater. 6 (1995) 679.

[26] T.Chraska, A.H.King, C.C.Berndt, Mater. Sci. Eng. A. 286 (2000) 169.

[27] S.Shukla, S.Seal, R.Vij, S.Bandyopadhyay, Z.Rahman, Nano Lett. 2 (2002) 989.

[28] B.Benali, M.Herbst Ghysel, I.Gallet, A.M.Huntz, M.Andrieux, Appl. Surf. Sci. 253 (2006) 1222.

[29] J.D.Lee, H.Y.Ra, K.T.Hong, S.K. Hur, Surf. Coat. Technol. 54-55 (1992) 64.

[30] J.G.Duh, Y.S.Wu, J. Mater. Sci. 26 (1991) 6522.

[31] N.Simha, L.Truskinovsky, Acta. Metall. Mater. 42 (1994) 3827.

[32] K.L.Choy, Prog. in. Mat. Sci. 48 (2003) 57.

[33] E.Fredriksson, K.Forsgren, Surf. Coat. Technol. 88 (1996) 255.

[34] Y.L.Zhang, X.J.Jin, Y.H.Rong, T.Y.Hsu, D.Y.Jiang, J.L.Shi, Mat. Sc. Eng. A. 438-440 (2006) 399.

[35] H.Holzchuh, H.Suhr, Appl. Phys. Lett. 59 (1991) 470.

[36] C.B.Cao, J.T.Wang, X.J.Yu, D.K.Peng, G.Y.Meng, Thin Solid Films. 249 (1994) 163.

[37] C.Dubourdieu, S.B.Kang, Y.Q.Li, G.Kulesha, B.Gallois, Thin Solid Films. 339 (1999) 165.

[38] S.V.Samoilenkov, M.A.Stefan, G.Wahl, Surf. Coat. Technol. 192 (2005) 117.

[39] J.S.Kim, H.A.Marzouk, P.J.Reucroft, Thin Solid Films. 254 (1995) 33.

[40] Y.Akiyama, T.Sato, N.Imaishi, J. Crys. Growth. 147 (1995) 130.

[41] R.Tu, T.Kimura, T.Goto, Surf. Coat. Technol. 187 (2004) 238.

[42] K.Galicka-Fau, C.Legros, M.Andreux, M.Brunet, J.Szade, G.Garry, Appl. Surf. Sci. 255 (2009) 8986.

[43] S.P.Krumdieck, O.Sbaizero, A.Bullert, R.Raj, Surf. Coat. Technol. 167 (2003) 226.

[44] K.W.Chour, J.Chen, R.Xu, Thin Solid Films. 304 (1997) 106.

[45] M.A.Cameron, S.M.George, Thin Solid Films. 348 (1999) 90.

[46] M.Pulver, G.Wahl, Electrochemical Scociety Proceedings. 97 (1997) 960.

[47] O.Bernard, Thèse de doctorat, Université Paris-sud 11, Orsay, (2004).

[48] B.Benali, Thèse de doctorat, UniversitéParis-sud 11, Orsay, (2007).

[49] V.G.Varanasi, T.M.Besmann, R.L.Hyde, E.A.Payzant, T.J.Anderson, J. Alloy. Comp. 470 (2009) 354.

[50] T.Goto, Surf. Coat. Technol. 198 (2005) 367.

[51] G.Wahl, W.Nemetz, M.Giannozzi, S.Rushworth, D.Baxter, N.Archer, F.Cernuschi, N.Boyle, Trans. ASME. 123 (2001) 520.

[52] Ch.Genzel, Phys. Stat. Sol(a). 159 (1997) 283.

[53] Ch.Genzel, Phys. Stat. Sol(a). 165 (1998) 347.

[54] Ch.Genzel, Phys. Stat. Sol(a). 16 (1998) 751.

[55] I.C.Noyan, J.B.Cohan , Residuel Stress-Measurement by Diffraction and interpretation. New York: Spring-Verlag.

[56] M.T.Hutchings, P.J.Withers, T.M.Holden, T.Lorentzen, Introduction to the characterization of residual stress by neutron diffraction, Taylor & Francis Group, U.S, (2005)

[57] J.D.Acord, S.Raghavan, D.W.Snyder, J.M.Redwing, J. Crys. Growth. 272 (2004) 65.

[58] J.D.Finegan, R.W.Hoffman, J.appl.Phys. 30 (1959) 597.

[59] W.D.Nix, B.M.Clemens, J. Mater. Res. 14 (1999) 3467.

[60] S.Einfeldt, T.Bottcher, S.Figge, D.Hommel, J. Crys. Growth. 230 (2001) 357.

[61] T.Bottcher, S.Einfeldt, S.Figge, R.Chierchia, H.Heinke, D.Hommel, J.S.Speck, Appl. Phys. Lett, 74 (1999) 356.

[62] J.Park , Bioceramics, Springer, New York, (2008).

[63] Y.Okada, Y.Tokumaru, J. Appl. Phys, 56 (1984) 314.

[64] J.K.Tien, J.M.Davidson, in: J.V. Cathcart (Ed.), Stress Effects and the Oxidation of Metals, AIME, London, (1975), p.200.

[65] R.Delhez, Th.T.De Keijser, E.J.Mittemeijer, Ultramicroscopy. 27 (1989) 202.

[66] U.Welzel, J.Ligot, P.Lamparter, A.C.Vermeulen, E.J.Mittemeijer, J. Appl. Cryst. 38 (2005) 1.

[67] Th.Gobel, S.Menzel, M.Hecker, W.Bruckner, K.Wetzig, Ch.Genzel, Surf. Coat. Technol. 142-144 (2001) 861.

[68] T. Hirsch, P. Mayr, Surf. Coat. Technol. 36 (1988) 729.

[69] D.S.Rickerby, A.M.Jones, B.A.Bellamy, Surf. Coat. Technol. 36 (1988) 661.

[70] M.A.J.Somers, E.J.Mittemeijer, Met. Trans. A. 21 (1990) 189.

[71] T.Christiansen, M.A.J.Somers, Mater. Sci. Forum. 443–444 (2004) 91.

[72] M.Wohlschogel, W.Baumann, U.Welzel, E.J.Mittemeijer, J. Appl. Cryst. 41 (2008) 1067.

[73] P.Predecki, B.Ballard, X.Zhu, Adv. X-ray. Anal. 36 (1993) 237.

[74] K.Van Acker, L.de Buyser, J.P.Celis, P.Van Houtte, J. Appl. Cryst. 27 (1994) 56.

[75] Ch.Genzel, Mater. Sci. Technol. 21 (2005) 10.

[76] A.Kumar, U.Welzel, E.J.Mittemeijer, J. Appl. Cryst. 39 (2006) 633.

[77] C.L.A.Ricardo, M.D'Incau, P.Scardi, J. Appl. Cryst. 40 (2007) 675.

[78] V.Hauk, Editor. Structural and Residual Stress Analysis by Nondestructive Methods. Amsterdam: Elsevier, (1997).

[79] S.Bein, Le C.Calvez, J.L.Lebrun, Z. Metallkd. 89 (1998) 289.

[80] H.Behnken, V.Hauk, Mater. Sci. Eng. A. 300 (2000) 41.

[81] A.Kampfe, B.Eigenmann, D.Lohe, Z. Metallkd. 91 (2000) 967.

[82] S.J.Skrzypek, A.Baczmanski, W.Ratuszek, E.Kusior, J. Appl. Cryst. 34 (2001) 427.

[83] J.Peng, V.Ji, W.Seiler, A.Tomescu, A.Levesque, A.bouteville, Surf. Coat. Technol. 200 (2006) 2738.

[84] J.PENG, Thèse de doctorat, ENSAM, Paris, (2006).

[85] K.Wada, M.Yoshiya, N.Yamaguchi, H.Matsubara, Surf. Coat. Technol. 200 (2006) 2725.

[86] M.Pulver, W.Nemetz, G.Wahl, Surf. Coat. Technol. 125 (2000) 400.

[87] H.J.Bunge, Zeit. Met. 56 (1982) 824.

[88] K.Pawlik, J.Pospiech, K.Lucke, Textures and Microstructure. 14 (1991) 25.

CHAPITRE 2. Etudes expérimentales et méthodologiques

2.1 Etudes expérimentales

2.1.1 Synthèse des films ZrO_2 par MOCVD

2.1.1.1 Précurseur

Le précurseur β-dicétone ($Zr(C_{11}H_{19}O_2)_4$) ou aussi $Zr(thd)_4$ satisfait parfaitement la majorité des expérimentateurs. Il est le produit de synthèse d'une réaction entre le tetra-acétylacétonate de zirconium ($Zr(C_5H_7O_2)_4$) et le tétraméthylheptadionate (thd) [89,90]. Dans notre étude, les précurseurs sont préparés par MULTIVALENT Limited de UK (99,8 % comme $Zr(C_{11}H_{19}O_2)_4$). Les propriétés physiques et chimiques de ce précurseur sont présentées dans Tableau 2-1.

Formule	$Zr(C_{11}H_{19}O_2)_4$
Pureté	99,8%
Point de fusion	315 °C
Point d'ébullition	se décompose avant d'atteindre le point d'ébullition
La pression de vapeur	0,1 mm Hg à 180 °C
Insoluble dans le n-hexane	< 0,01%

Tableau 2-1 Les propriétés physiques et chimiques de $Zr(thd)_4$.

Les taux maximaux des autres éléments sont en quantité limitée dans Tableau 2-2.

Eléments	Cl	Al	Ca	Fe	Hf	Mg	Sn	Ti	V
	< 0,02 %	< 10 ppm	< 5 ppm	< 10 ppm	< 30 ppm	< 5 ppm	< 10 ppm	< 5 ppm	< 5 ppm

Tableau 2-2 Composition chimique des précurseurs utilisés dans ce travail de recherche.

2.1.1.2 Conception du réacteur

Figure 2-1 et Figure 2-2 présentent les photos et le schéma du réacteur utilisé pour l'élaboration de films de ZrO_2. Le réacteur MOCVD est constitué de cinq parties (Figure 2-2) [48] : les lignes de gaz, le système de transports de précurseurs et d'injection, la chambre de réaction, l'évacuation des gaz et le système de refroidissement :

Les "lignes de contrôle et de distribution des gaz" (N_2 et O_2) avec toutes les vannes et les débitmètres massiques (étalonnés dans une gamme de 0 à 10 l/h) ;

La "source du précurseur" organométallique ;

L'"injection" qui comprend l'injecteur proprement dit, la bride d'injection et un tube chauffé dans lequel se produit l'évaporation du précurseur ;

La "zone de réaction" comprenant un tube quartz et une galette chauffante d'induction constituant le porte substrat ;

La "ligne de vide" qui se trouve en aval de la zone de réaction et qui sert à évacuer les gaz porteurs et réactifs, tout en maintenant une pression partielle dans le réacteur. Elle contient essentiellement la pompe, le piège d'azote pour neutraliser les espèces chimiques évacuées et la vanne de régulation.

Une ligne d'azote sous pression est utilisée pour propulser le précurseur liquide (dissous dans un solvant) du récipient pour le système d'injection (injecteurs de type de voitures) qui est connecté à une console de commande piloté par un ordinateur. Des micro-gouttelettes de précurseur sont ensuite formées dans l'évaporateur four. Une deuxième ligne d'azote balaie le four et sert de gaz porteur au précurseur évaporé A la sortie de l'évaporateur, le mélange précurseur évaporé et azote rencontre l'oxygène (gaz oxydant) ainsi qu'une troisième ligne d'azote. Tout le gaz s'écoule ensuite dans la chambre de réaction (tube de quartz) où il atteigne la porte-échantillon. Une fraction du gaz et du précurseur va simplement réagir sur le substrat chauffé à la température désiré pour former le dépôt de ZrO_2 et la fraction restante des produits de réaction est s'évacuée à l'extérieur par le système de pompage.

Réacteur de MOCVD

Source du Précurseur   Ligne de vide   Lignes de contrôle et de distribution des gaz   Zone de réaction

Figure 2-1 : Photos du réacteur utilisé pour l'élaboration des films de ZrO_2.

41

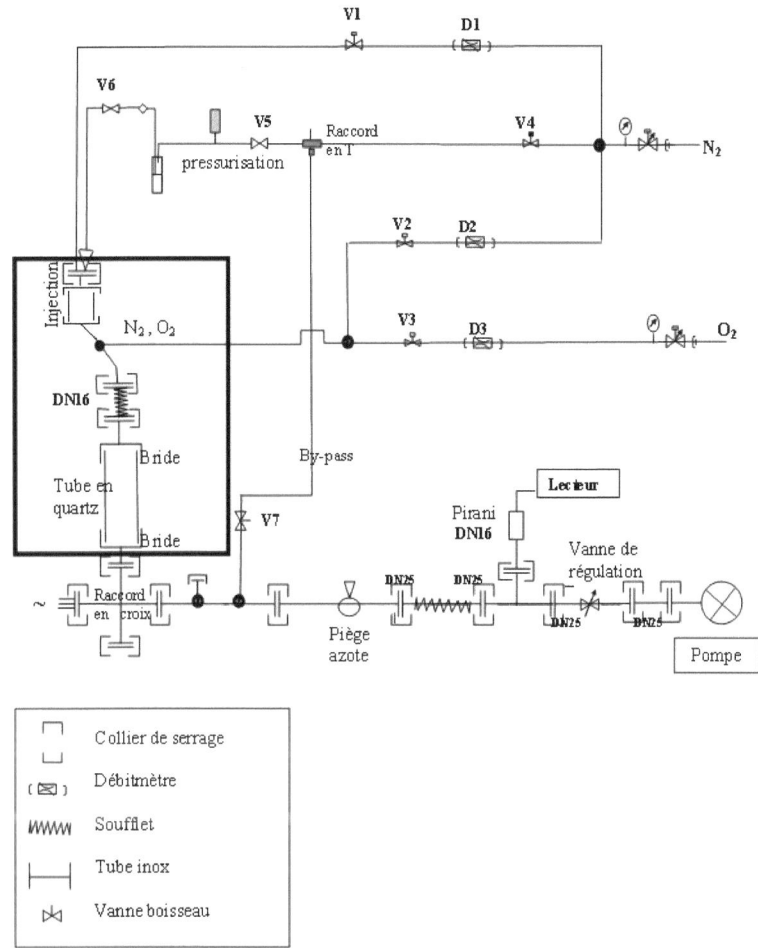

Figure 2-2 Schéma du réacteur utilisé pour l'élaboration de ZrO$_2$ [48].

2.1.1.3   Substrats utilisés

Les substrats utilisés au cours de ces travaux sont des wafers de silicium monocristallin (1 0 0). Avant leur utilisation dans le réacteur MOCVD, les substrats sont nettoyés suivant le protocole décrit sur la Figure 2-3. Les substrats de Si (1 0 0) ont été découpés à partir de wafers en dimension 23x23 cm².

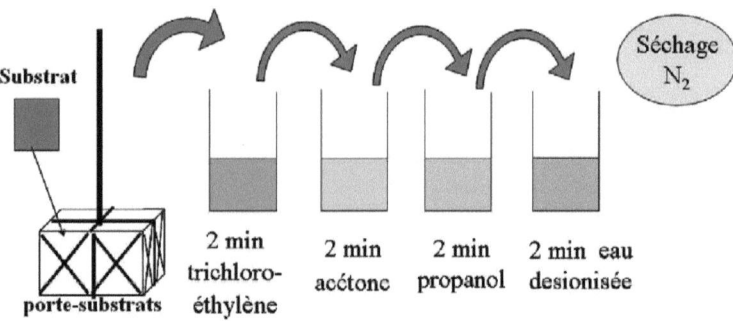

Figure 2-3 Protocole de nettoyage des substrats.

Pour l'étude de l'influence de paramètres de dépôt sur l'évolution de la microstructure (morphologie, phase, texture, contrainte résiduelle), cinq groupes d'échantillons ont été préparés avec le paramètres variable résumés dans le table 2-3.

	Paramètres variables	Paramètres fixes
Groupe 1	Température de gaz	$T_{sub} = 650$ °C, $D(O_2) = D(N_2) = 5$ L/h, $R_{sup} = 0.6 \times 10^{-1}$ g/h.cm^2
Groupe 2	Température du substrat	$D(O_2) = D(N_2) = 5$ L/h $R_{sup} = 0.6 \times 10^{-1}$ g/h.cm^2 $T(O_2) = T(N_2) = 250$ °C
Groupe 3	Débit de précurseur	$D(O_2) = D(N_2) = 5$ L/h $T_{sub} = 850$ °C $T(O_2) = T(N_2) = 250$ °C
Groupe 4	Débit d'oxygène (avec un petit débit de précurseur)	$T_{sub} = 850$ °C $T(O_2) = T(N_2) = 250$ °C $R_{sup} = 6 \times 10^{-2}$ g/h.cm^2
Groupe 5	Débit d'oxygène (avec un grand débit de précurseur)	$T_{sub} = 850$ °C $T(O_2) = T(N_2) = 250$ °C $R_{sup} = 6 \times 10^{-3}$ g/h.cm^2

Table 2-3 les paramètres de dépôt variables et fixes pour les 5 groupes

d'échantillons étudiés

2.1.2 Caractérisation de la microstructure

2.1.2.1 Diffraction des rayons X (DRX)

Les diffractions des rayons X (DRX) ont été effectuées sur un diffractomètre de 4-cercle de PANALYTICAL X'PERT MRD Pro, avec le rayonnement incident de Cuivre (λ_{Cu}=0,15406 nm) sous 40 kV et 40 mA et un détecteur rapide « X'Celerator ».

Les trois configurations différentes utilisées pour caractériser les films de ZrO_2 sont résumées ci-dessous :

- Pour l'analyse de la structure cristalline des phases ;
- Pour la détermination des contraintes résiduelles ;
- Pour l'analyse de la texture cristallographique.

La structure cristalline des échantillons a été étudiée par DRX en faible incidence (GIXRD) avec 2° d'incidence. La zircone (ZrO_2) tétragonale et la zircone monoclinique ont été identifiés en utilisant des fichiers JCPDS 50-1089 et 37-1484 respectivement.

Les figures de pôles des plans $\{0\ 1\ 1\}_t$ (2θ = 30,27 °) et des plans $\{1\ 1\ 0\}_t$ (2θ = 35,24 °) dans le système tétragonale ont été analysés. Lors de l'enregistrement d'une figure de pôles, l'échantillon est soumis à deux rotations, la rotation dite polaire (inclinaison ψ) et la rotation azimutale ϕ. L'angle d'inclinaison ψ varie de 0 ° à 75 ° et l'angle d'azimut ϕ varie de 0 ° à 360 ° avec un pas de 5 °, on dispose alors de 1168 points d'intensités pour chaque acquisition de figure de pôles. La direction normale de la surface de l'échantillon a été notée comme ND, alors qu'AD et VD ont été choisis au hasard sur la surface de l'échantillon en raison de la symétrie de la texture des échantillons (texture fibre). Ensuite, les données ont été traitées avec le logiciel LaboTex (version 3.0) pour l'analyse de texture.

2.1.2.2 Microscopie électronique à balayage (MEB)

Le microscope électronique à balayage (MEB) est un outil de caractérisation performant. Dans cette thèse, la morphologie de surface, l'uniformité et les épaisseurs des films minces préparées en section transversale ont été observés et mesurées avec un MEB Cambridge Leica Stereoscan 260. Pour l'observation de la microstructure plus détaillée, le MEB-FEG (ZEISS SUPRA-55VP) avec un grossissement qui peut aller jusqu'à 300.000 x a été utilisé.

L'analyse EDX (Energie Dispersive des rayons X), installée sur le MEB et sur le MEB-FEG, nous a permis de réaliser une analyse élémentaire qualitative des films minces.

2.1.2.3 Microscopie électronique en transmission (MET)

Comme la microscopie électronique à balayage, la microscopie électronique en transmission (MET) utilise un faisceau d'électrons afin d'améliorer le pouvoir séparateur du système et donc d'augmenter le grandissement et la résolution. Cependant, avec cette technique d'observation, on n'utilise pas les électrons rétrodiffusés ou les électrons secondaires mais les électrons transmis à travers le matériau.

La taille des grains (agglomérat de cristallites) de nos films de ZrO_2 étant très faible, de l'ordre de 10 nm, le MEB classique n'est souvent pas adapté à leur observation. C'est pourquoi nos dépôts ont été observés en MET à l'UMET (UNITE MATERIAUX ET TRANSFORMATIONS, UMR CNRS 8207) à l'Université Lille I en collaboration avec Dr. Gang JI.

Une lame mince avec faisceau d'ions focalisé (FIB) destinée pour microscopie électronique en transmission (MET) a été préparée en utilisant le système de FEI

STRATA DB DualBeam 235. L'échantillon FIB est situé juste en dessous de la surface supérieure et est parallèle à la direction de dépôt MOCVD. Un microscope Philips CM30 a été exploité à 300 kV qui est équipé d'un système de précision « Star Nanomegas Spinning » et d'un système de spectroscopie X à dispersion d'énergie (EDX) « PGT Esprit ». Microscope FEI Tecnai G2-20 exploité à 200 kV a été utilisés pour la caractérisation MET à haute résolution.

2.2 Méthodologique

2.2.1 Méthodologie d'analyse des DRX en faible incidence

Pour de très fins films, la mesure des propriétés des échantillons, comme les contraintes résiduelles et l'identification de la structure cristalline par la diffraction des rayons X, est possible en utilisant de diffraction de rayon X en faibles angles d'incidence (GIXRD). Il a été initialement développépar Marra *et al.* [91]. En utilisant de faibles angles d'incidence, le volume d'échantillon efficace est augmenté avec une augmentation de la surface irradiée. Les intensités diffractées seront améiorées. La profondeur de pénétration est de l'ordre de quelques nanomètres jusqu'à quelques microns en utilisant différentes angles de incidence (Figure 2-4).

Un autre avantage de cette méthode en faible incidence est que la profondeur de pénétration de rayon X peut être bien contrôlée en choisissant l'angle d'incidence. La diffraction des rayons X en faible incidence (Grazing Incidence X-ray Diffraction – GIXRD) offre la possibilité de caractériser, de façon non destructive, le gradient de propriété en profondeur en variant l'angle incidence.

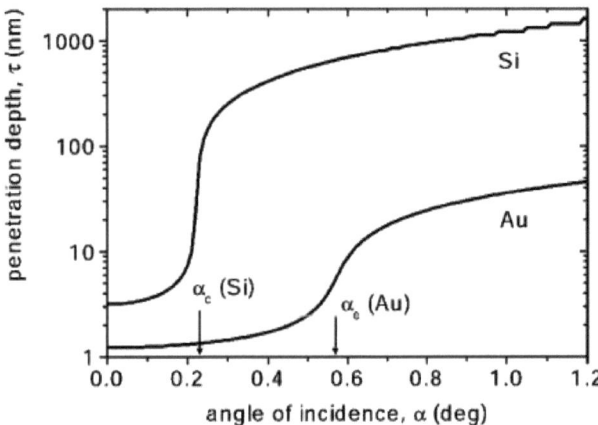

Figure 2-4 La profondeur de pénétration, pour le Cu Kα rayonnement dans le silicium

et l'or par rapport à l'angle d'incidence.

L'intensité du faisceau diffractant des rayons X dépend de l'absorption et de l'épaisseur du revêtement. Pour un échantillon homogène avec une épaisseur infinie, la mesure est souvent attribuée au centre de gravité de toute la distribution d'intensité diffractée, pour exemple, au point situé à la profondeur de pénétration τ, environ 63% d'absorption de l'intensité incidente dans le volume irradié [92]. Dans le cas de la diffraction des rayons X, la profondeur de pénétration τ est entièrement déterminée par l'angle incident (α) et l'angle diffractée (β) respectivement, et le coefficient d'absorption linéaire μ (cm^{2}g^{-1}) du matériau diffracté [52]. Le coefficient d'absorption linéaire est une constante du matériau indépendante de son état physique (gaz, liquide, solide) qui dépend de la longueur d'onde λ du rayonnement :

$$\tau = \frac{\sin\alpha \sin\beta}{\mu(\sin\alpha + \sin\beta)}$$ 2-1

α, angle entre la surface et le faisceau du rayon X incident,

β, angle entre la surface et le faisceau du rayon X diffracté (Figure 2-5).

Dans cette formule, on note que la profondeur de pénétration est fonction uniquement de l'angle α et l'angle β, la formule ne peut être utilisée que dans le cas où l'épaisseur d'échantillon est infinie. Mais, dans le cas des revêtements, on ne peut pas omettre l'influence de l'épaisseur de revêtement et du substrat. La profondeur de l'analyse [92] est la profondeur moyenne obtenue pour un échantillon particulier sur la pondération de chaque profondeur z avec un facteur d'absorption associé pour une diminution de l'intensité en raison de l'absorption pour le signal provenant de la profondeur z.

Alors pour un échantillon d'une épaisseur t donnée :

$$\tau_t = \frac{\int_0^t z \exp(-z/\tau)dz}{\int_0^t \exp(-z/\tau)dz} = \tau - \frac{te^{-t/\tau}}{1-e^{-t/\tau}} \qquad 2\text{-}2$$

On note que pour un échantillon de l'épaisseur infinie :

$$\lim_{t \to \infty} \tau_t = \tau$$

Pour un échantillon extrêmement fin :

$$\lim_{t \to 0} \tau_t = \frac{1}{2}t$$

Afin d'introduire de l'information structurale dans ces différentes profondeurs, l'hypothèse de base est que chaque information est considérée comme la superposition de diffraction àpartir de films de différentes profondeurs. A l'angle d'incidence fixe, le modèle est représenté comme la somme intégrale de tous les films où les rayons X incidents peuvent atteindre. Dans un échantillon polycristallin idéal et homogène, cette intégrale sera la même chose que la contribution normalisée de chaque film. Toutefois, si la structure cristalline change avec la profondeur, les modèles de diffraction des rayons X à des angles d'incidence différents donneront des informations différentes sur les structures, comme les profondeurs de l'information de rayons X à des angles d'incidence sont différents.

Détermination du gradient de microstructure des films minces : analyse de la forme de pic.

Elargissement du pic de diffraction des Rayon X provient de plusieurs sources :

- L'élargissement instrumental,

- La taille des cristallites,

- Les défauts cristallins : microdéformations, atomes déplacés de la position idéale d'une manière non-uniforme, la taille du domaine ordonné la taille de l'espace entre les défauts.

Williamsons et Hall ont proposé une méthode permettant de distinguer la taille et la microdéformation en analysant la largeur du pic en fonction de 2θ.

La relation pour le pic de forme Lorentzienne est présentée par la formule suivante :

$$(\beta_m - \beta_{int})cos\theta = \frac{\lambda}{d} + 4\varepsilon_{str}(sin\theta)$$ 2-3

Avec :

- ε_{str}, microdéformations, atomes déplacés de la position idéale d'une manière non-uniforme

- β_m, élargissement du pic de diffraction des Rayon X

- et β_{int}, l'élargissement instrumental

La taille des cristallites peut être extraite de l'intersection de l'axe Y de l'ajustement linéaire et les microdéformations peut être extraites de la pente de l'ajustement.

La méthode en faible incidence pour l'analyse de contrainte est utile, pour déterminer le gradient de contrainte à partir des mesures de diffraction à différents profondeurs de pénétration efficaces en faisant varier l'angle d'incidence.

Avec une anticathode en cuivre, le pouvoir de pénétration dans la zircone (ZrO_2), égal à l'inverse du coefficient d'absorption μ, avec μ=568,33 cm^{-1} pour λ_{cu}=0,15406 nm.

2.2.2 Analyse du gradient de contraintes par DRX : méthode en faible incidence (GIDRX)

Dans le cas de forts gradients de contraintes, l'application de la méthodologie classique d'analyse des contraintes de DRX s'avère être très limitée. Plusieurs études [52,53,54,55, 74,76, 78,81,83,93,94] ont tenté de répondre à la demande d'analyse du gradient des contraintes résiduelles en fonction de la profondeur. Ces stratégies de mesure peuvent être classées en deux catégories.

Dans la première catégorie, il est reconnu que la profondeur d'analyse varie au cours de la mesure. Cette variation de la profondeur est ensuite utilisée dans l'analyse de contraintes pour extraire les informations sur le gradient de contrainte. Les procédures mathématiques sont, cependant, complexes et sujettes à des incertitudes qui sont difficiles à juger.

Dans la seconde catégorie, la profondeur est maintenue constante au cours d'une mesure, elle a l'avantage que la contrainte peut être directement déduite à partir des acquisitions de diffraction à chaque profondeur voulue. Nous présentons ici une méthodologie développée en faible incidence adaptée à la détermination de gradients de déformations et de contraintes pour les applications des revêements.

2.2.2.1 Définitions des angles et repères de systèmes

La méthode en faible incidence conventionnelle combine le mode ω et le mode ψ classiques, comme l'indique la géométrie dans la figure Figure 1-10.

Pour des considérations présentées par la suite, il est commode d'introduire le référentiel de l'échantillon (S) et le référentiel laboratoire (L) et de bien distinguer les angles instrumentaux $(\theta,\omega,\chi,\Phi)$, des angles (φ,ψ) qui définissent la direction dans laquelle la déformation est mesurée.

La confusion de ces angles peut être évitée grâce à identification des angles ψ et φ par rapport aux angles χ et Φ. Pour le mode-χ, on a $\psi=\chi$; pour le mode-ω, on a $\psi=\theta-\omega$ (Figure 1-10). Mais on note que ψ et χ n'ont pas la même valeur si on change les angles χ et ω simultanément.

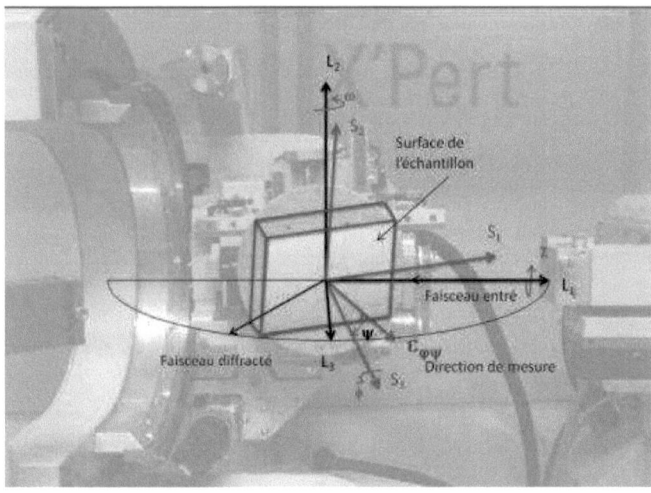

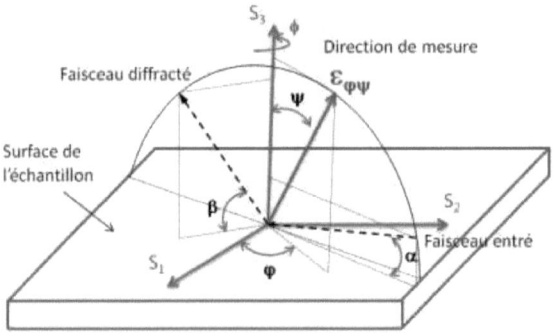

Figure 2-5 Relation de rotations entre le référentiel de labo (L) et le référentiel de l'échantillon (S).

Définitions des angles ψ et φ :

ψ, l'angle entre la normale de la surface de l'échantillon et la normale au plan diffractant ;

φ, l'angle de rotation autour de la normale de surface d'échantillon qui définie

51

l'orientation relative entre la référence de diffraction et l'échantillon.

Les angles instrumentaux :

θ, l'angle de diffraction, défini par la position du détecteur et de la source du faisceau des rayons X,

ω, l'angle de rotation de l'échantillon autour d'un axe perpendiculaire au plan de diffraction (axe-L_2 du référentiel laboratoire),

χ, l'angle de rotation de l'échantillon autour de l'axe, défini par l'intersection du plan de diffraction avec la surface de l'échantillon (axe-L_1 du référentiel laboratoire),

Φ, la rotation autour de la normale à la surface de l'échantillon. En général, l'axe L_3 et l'axe S_3 (Figure 1-10) sont parallèles de telle manière que les deux rotations d'angle Φ et φ se trouvent liées par une constante.

L'utilisation de la géométrie asymétrique laisse quatre questions sans réelles réponses qui amènent les remarques suivantes :

- l'angle d'incidence α plus petit que celui de l'incidence ω instrumentale est utilisé,

- l'angle ψ n'est plus égal à l'angle χ de la rotation autour de l'axe L_1 dans le mode-ψ ni égal à θ-ω dans le mode-ω,

- l'angle d'incidence α change en fonction de la rotation de l'échantillon autour de l'axe L_1 (χ), la profondeur de pénétration est modifié.

La direction de mesure φ varie quand l'échantillon tourne autour de l'axe L_1.

2.2.2.2 Relation entre les angles ($\alpha,\beta,\psi,\varphi,\chi,\omega,\Phi,\theta$)

Premièrement, le repère de l'échantillon (S_1, S_2, S_3) et le repère du laboratoire (L_1, L_2, L_3) coïncident ($\omega=\chi=0$). Si aucune rotation n'a été appliquée, la normale à la surface de l'échantillon est le vecteur unitaire suivant :

$$\hat{n} = \begin{pmatrix} 0 \\ 0 \\ 1 \end{pmatrix} \qquad\qquad 2\text{-}3$$

Et le faisceau de rayons X incident est présenté par le vecteur unitaire :

$$\hat{e} = \begin{pmatrix} -1 \\ 0 \\ 0 \end{pmatrix} \qquad\qquad 2\text{-}4$$

Le vecteur de diffraction est présenté par l'équation suivante :

$$\hat{d} = \begin{pmatrix} cos(-\theta) & 0 & -sin(-\theta) \\ 0 & 1 & 0 \\ sin(-\theta) & 0 & cos(-\theta) \end{pmatrix} \cdot \begin{pmatrix} 0 \\ 0 \\ 1 \end{pmatrix} = \begin{pmatrix} sin\theta \\ 0 \\ cos\theta \end{pmatrix} \qquad 2\text{-}5$$

Le faisceau de rayon X diffracté est :

$$\hat{s} = \begin{pmatrix} cos(-2\theta) & 0 & -sin(-2\theta) \\ 0 & 1 & 0 \\ sin(-2\theta) & 0 & cos(-2\theta) \end{pmatrix} \begin{pmatrix} -1 \\ 0 \\ 0 \end{pmatrix} = \begin{pmatrix} -cos2\theta \\ 0 \\ sin2\theta \end{pmatrix} \qquad 2\text{-}6$$

Dans le repère du laboratoire, applique d'abord une rotation χ autour de l'axe des L_1 et par la suite une rotation ω autour de l'axe L_2.

La normale à la surface $\hat{n}'$ obéit à:

$$\hat{n}' = \begin{pmatrix} cos(-\omega) & 0 & -sin(-\omega) \\ 0 & 1 & 0 \\ sin(-\omega) & 0 & cos(-\omega) \end{pmatrix} \begin{pmatrix} 1 & 0 & 0 \\ 0 & cos\chi & -sin\chi \\ 0 & sin\chi & cs\chi \end{pmatrix} \begin{pmatrix} 0 \\ 0 \\ 1 \end{pmatrix} = \begin{pmatrix} sin\omega cos\chi \\ -sin\chi \\ cos\omega cos\chi \end{pmatrix} \quad 2\text{-}7$$

Alors l'angle d'incidence α suit la relation $(0<\alpha<\pi/2)$:

$$sin\alpha = cos\left(\frac{\pi}{2} - \alpha\right) = \begin{pmatrix} 1 \\ 0 \\ 0 \end{pmatrix} \cdot \hat{n}' = sin\omega cos\chi \qquad 2\text{-}8$$

Et l'angle de diffraction β est $(0<\beta<\pi/2)$:

$$sin\beta = cos\left(\frac{\pi}{2} - \beta\right) = \hat{n}' \cdot \hat{s} = \begin{pmatrix} sin\omega cos\chi \\ -sin\chi \\ cos\omega cos\chi \end{pmatrix} \cdot \begin{pmatrix} -cos2\theta \\ 0 \\ sin2\theta \end{pmatrix} = cos\chi sin(2\theta - \omega) \quad 2\text{-}9$$

En combinant les équations 2-8 et 2-9 à 2-1, on obtient la relation suivante :

$$\tau = \frac{cos\chi sin\omega sin(2\theta - \omega)}{\mu(sin\omega + sin(2\theta - \omega))} \qquad 2\text{-}10$$

Pour un échantillon choisi avec une épaisseur t, la profondeur de l'information τ_t est déterminée par les angles instrumentaux (θ, ω, χ).

Selon la définition de l'angle ψ, on peut écrire :

$$cos\psi = \hat{d} \cdot \hat{n}' = cos\chi cos(\theta - \omega) \qquad 2\text{-}11$$

La combinaison de la formule 2-10 avec 2-11, permet de décrire τ par les angles θ, ω et ψ, puis de déterminer τ_t par t et τ.

$$\tau = \frac{cos\psi\, sin\omega\, sin(2\theta - \omega)}{\mu\big(sin\omega + sin(2\theta - \omega)\big)cos(\omega - \theta)}$$ 2-12

Dans le repère de l'échantillon, après la rotation de ω et χ, le vecteur de diffraction est :

$$\hat{d}' = \begin{pmatrix} 1 & 0 & 0 \\ 0 & cos(-\chi) & -sin(-\chi) \\ 0 & sin(-\chi) & cos(-\chi) \end{pmatrix} \begin{pmatrix} cos\omega & 0 & -sin\omega \\ 0 & 1 & 0 \\ sin\omega & 0 & cos\omega \end{pmatrix} \hat{d} = \begin{pmatrix} sin(\omega - \theta) \\ -sin\chi\, cos(\omega - \theta) \\ cos\chi\, cos(\omega - \theta) \end{pmatrix}$$ 2-13

Avec la variation des angles instrumentaux (θ, ω, χ), l'angle φ a déjà été changé :

$$tan\Delta\varphi = \frac{-sin\chi}{tan(\omega - \theta)}$$ 2-14

C'est très important de garder l'angle φ constant avec la formule suivant :

$$\varphi = \phi + \Delta\varphi = \phi + arctan\left(\frac{-sin\chi}{tan(\omega - \theta)}\right)$$ 2-15

2.2.2.3   Stratégie pour la détermination du gradient de contrainte en faible incidence

La stratégie de détermination de la distribution des contraintes résiduelles à une profondeur constante et fixe peut maintenant être proposée comme suit :

1. Une famille des plans de réflexion {hkl} est choisie, l'angle de diffraction $2\theta = 2\theta_{hkl}$.

2. Le choix d'une profondeur fixée à déterminer la contrainte (τ_t). Si l'on choisit différentes profondeurs, le profil de distribution des contraintes résiduelles en fonction de la profondeur est obtenu.

3. La direction (orientation) de mesure (φ,ψ)est fixée, par exemple (0, ψ). En définissant la direction et la profondeur de mesure, une série des angles (φ,ψ) seront proposée pour la détermination des contraintes.

4. Pour chaque valeur de ψ, les équations 2-12 et 2-2 doivent être résolues pour les angles ω, à noter que t est constant pour un échantillon choisi.

5. Les angles instrumentaux χ sont calculés avec l'équation 2-11, avec les valeurs

de ω calculées.

6. Pour maintenir l'angle φ constant, les angles instrumentaux φ sont calculés avec la formule 2-15

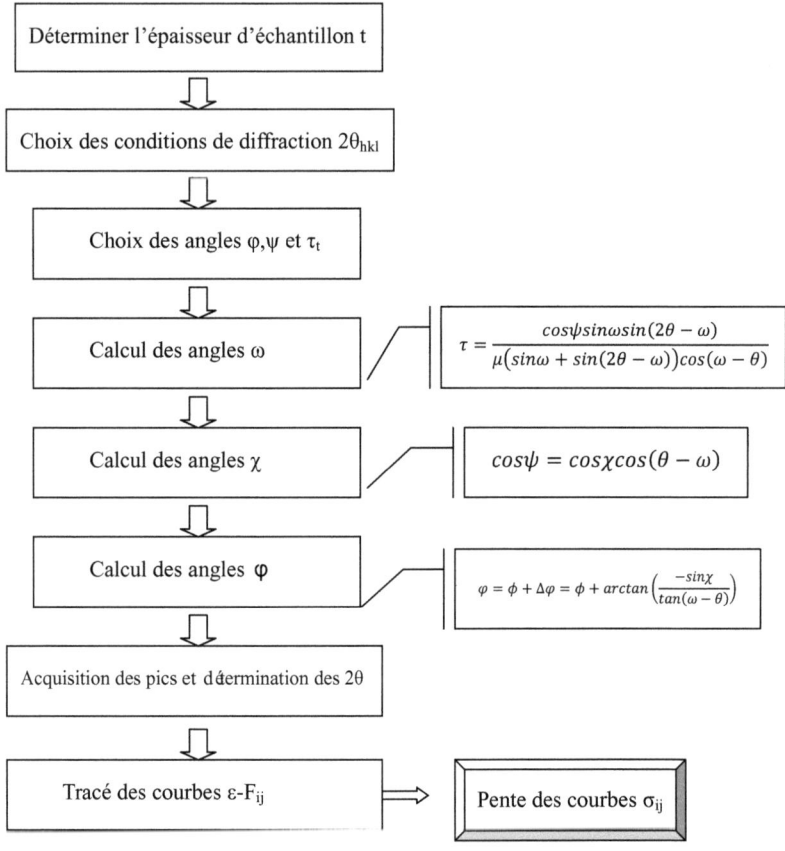

Figure 2-6 Protocole expérimental de la mesure par diffraction des rayons X en faible incidence pour une profondeur fixe et constante

Une configuration spécifique a été adaptée pour étudier le gradient de contrainte dans le cas de GIXRD avec l'utilisation des fentes Sollers longues pour obtenir un faisceau d'incident presque parallèle. Des poudres de LaB_6 parfaitement recristallisées ont été utilisées pour l'alignement du goniomètre, le décalage est inférieur à 0,01 ° en 2θ comparant à son fichier JCPDF et l'erreur associée à l'analyse des contraintes sur les mêmes poudres dûà l'alignement mécanique et optique est ajustée pour être limitée à ± 10 MPa. L'incertitude du niveau de contraintes résiduelles sur nos échantillons de couches minces dus à des effets instrumentaux est relativement limitée (<10 MPa) en dépit des faibles angles de Bragg. Pour l'utilisation de la méthode de la profondeur de pénétration constante, un alignement très soigneux de chaque échantillon (position x, y, z et l'angle ω) a été réalisé avant chaque expérimentation pour minimiser les effets instrumentaux. Puis les contraintes résiduelles ont été déterminées à différentes profondeurs choisies. La famille des plans {101} l (2θ = 30,27 °) a été analysée pour 2θ variant entre 25 ° à 34 ° avec un pas de 0,05 °, et la durée d'acquisitions pour chaque pic de diffraction varie de 300 s à1200 s selon la profondeur choisie.

Dans cette étude, les constantes élastiques $S_{1\{hkl\}}$ et $1/2S_{2\{hkl\}}$ pour la phase ZrO_2 qui ont été évaluées en utilisant le modèle de Voigt sont de -1,37 x 10^{-6} MPa^{-1} et 5,91 x 10^{-6} MPa^{-1}, respectivement.

2.2.2.4 Profondeur de mesure accessible par DRX en faible incidence

En déterminant des contraintes à différentes profondeurs τ_t, le gradient de distribution des contraintes résiduelles en fonction des différentes profondeurs est obtenu. Le choix de τ_t ne peut pas dépasser la profondeur d'analyse maximale des rayons X :

$$\tau_{tmax} = \tau_{max} - \frac{te^{-t/\tau_{max}}}{1-e^{-t/\tau_{max}}}$$ 2-16

Avec

$\tau_{max}=\sin\theta/2\mu$ (quant ω=θ, ψ=χ=0)

Dans la formule 2-12, il existe une ou deux solutions en ce qui concerne la limite de ω (à noter que 0<ω<2θ). Les deux solutions de ω représentent la même géométrie de diffraction (échange des positions du faisceau incident et du faisceau diffracté), alors que l'angle ω peut se restreindre dans la gamme 0<ω<θ. S'il n'y a pas de solution mathématique, alors dans les conditions choisies (θ, ψ, τ_t), en utilisant n'importe de quelle ω, la profondeur de pénétration souhaitée ne peut pas être atteinte quand ψ est trop grand, ou au contraire, quand ψ est trop petit, la profondeur de rayon X dépasse déjà la profondeur choisie τ_t. En diminuant et en augmentant l'angle ψ, la solution de ω devient accessible et disponible. Nous n'avons pas pu analyser l'information qui se trouve trop près de l'extrême surface des films ou qui se trouve trop près de la profondeur maximale, à cause de la limite d'inclinaison de l'échantillon ψ. Si la profondeur choisie est trop proche de l'extrême surface ou de la profondeur maximale τ_{tmax}, l'inclinaison (l'angle ψ) se situera dans un intervalle trop petit ce qui provoquera des erreurs numériques trop importantes dans la détermination des valeurs de contraintes.

D'ailleurs, la géométrie de la surface a une forte influence sur la profondeur de mesure. Souvent, la rugosité est à l'origine d'une relaxation apparente des contraintes déterminées expérimentalement à l'extrémité superficielle de la pièce. C'est un des points clés pour interpréter la distribution (le gradient) des CR dans le cas des revêtements [95,96]. Pour un faible angle d'incidence, l'influence de la rugosité devient importante et l'intensité de diffraction très faible [97]. L'influence de la réfraction est associée à la rugosité de l'échantillon et à l'angle d'incidence [98], son influence doit être considérée dans la détermination des contraintes (résiduelles et/ou sous chargement) par DRX en faible incidence [99]. En effet, l'influence de la réfraction devient moins importante en fonction de la diminution de la rugosité (à ce point, on pourra négliger l'effet de la rugosité) ; d'autre part, l'augmentation de l'angle d'incidence peut réduire l'influence de la rugosité. Par contre, quand l'angle d'incidence est très proche de l'angle critique, même si la rugosité de la surface est très petite, l'effet de réfraction est toujours très important [84]. Cet aspect n'a pas été beaucoup étudié à ce jour d'après la bibliographie. Mais pour diminuer l'influence de la géométrie de la surface, la profondeur d'analyse minimale doit être plus grande que la rugosité de l'échantillon.

En principe, la méthode en faible incidence décrit ci-dessus peut être utilisée pour la détermination de profils de contrainte selon la direction z = S_3 perpendiculaire à la surface d'échantillon. Les composantes relatives du tenseur σ_{ij} doivent être déterminées en fonction de la profondeur de pénétration des rayons X. Cela exige la détermination de θ_{hkl} sous différents angles (ψ) en fonction de la profondeur de pénétration. Le profil de $\sigma_{ij(\tau)}$ obtenu à partir des mesures et le profil correspondant $\sigma_{ij(z)}$ est lié par la relation [100] :

$$\sigma_{ij(\tau)} = \frac{\int_0^t \sigma_{ij(z)} exp\left(\frac{-z}{\tau}\right) dz}{\int_0^t exp\left(\frac{-z}{\tau}\right)} \qquad 2\text{-}17$$

Différentes procédures pour l'inversion de l'équation (2-17)-calcul $\sigma_{ij(z)}$ de $\sigma_{ij(\tau)}$, ont été proposées dans la littérature, tels qu'un lissage en moindres carrés (least-squares fitting) en utilisant la modèle numérique pour le profil $\sigma_{ij(z)}$ [101], ou l'utilisation de la transformée inverse de Laplace [52,102,103].

2.2.3 Analyse des contraintes dans un échantillon texturé

L'analyse des CR par DRX dans des films minces poly cristallins avec la présence d'une texture cristallographique implique une série de difficultés, parce que le matériau devient anisotrope macroscopique. L'équation fondamentale de l'analyse des CR par DRX de matériaux polycristallins relie la déformation du réseau avec les différentes composantes du tenseur des contraintes (Formule 1-4). Par conséquent, l'équation 1-4 reflète les deux côtés de l'analyse des CR par DRX concernant l'isotropie macroscopique (quasi-isotrope, équivalence dans toutes les directions de mesure φ,ψ), d'une part, et l'anisotropie des cristallites individuelles dépend de la constante élastique radio cristallographique (XEC), $S_1\{hkl\}$ et $1/2S_2\{hkl\}$, d'autre part.

Dans le cas de matériaux fortement texturés, le comportement macroscopique est anisotrope en raison de l'orientation préférentielle des cristallites, et les directions de mesure possibles sont restreintes essentiellement à des pôles d'intensité de la texture. L'analyse des contraintes résiduelles dans les matériaux ne peut être effectuée directement par la méthode de $\sin^2\psi$, parce que l'hypothèse d'un matériau quasi-isotrope avec une distribution statistique d'orientation des cristallites n'est plus vérifiée (§1.3.3.4). Dans ce cas, concernant les comportements macroscopiques anisotropes, l'expression de déformation (formule 1-6) mesurée peut être réécrite [53] :

$$\varepsilon_{\varphi\psi}(hkl) = F_{ij}(hkl, \varphi, \psi, s_{mnop}) * \sigma_{ij} \qquad 2\text{-}10$$

Les F_{ij} sont les facteurs de contraintes qui dépendent de la réflexion {hkl}, de la direction de mesure (φ, ψ) et des souplesses élastiques cristallines (s_{mnop}). Si les déformations $\varepsilon_{\varphi\psi}$ sont mesurées pour un nombre suffisamment grand de directions disponibles, la contrainte σ_{ij} peut être évaluée par la méthode des moindres carrés (the least squares fitting). Dans le cas de texture idéale (texture infiniment forte ou monocristal), généralement en raison de la limitation des directions disponibles (φ,ψ), l'analyse des contraintes avec la méthode de seule réflexion {hkl} n'est pas possible. La méthode de multi-réflexion {hkl} [55,66,104] peut fournir plus de directions de mesures disponibles mais avec des procédures mathématiques complexes. Heureusement, pour les textures réellement observées dans nos matériaux, la distribution d'orientation est diffuse autour des positions idéales des cristallites (Figure 2-7), l'analyse de la contrainte peut être réalisée dans un intervalle de $\Delta\rho(\Delta\varphi$ et $\Delta\psi)$. Les incertitudes de mesure dépendent fortement de l'intervalle $\Delta\rho$. Dans ce cas, l'analyse du gradient de contraintes avec la méthode ci-dessus est théoriquement possible, mais pour la réalisation, les résultats sont généralement de trop grandes erreurs en raison des limitations de $\Delta\rho$ et de l'intervalle accessible de profondeurs de mesure.

En raison de l'orientation préférentielle des cristallites dans le cas d'un matériau texturé, les CER F_{ij} veut être recalculées par les modèles de Voigt, de Reuss ou de Eshelby/ Kroner avec la FDOC comme facteur de pondération [53]. Et la FDOC est connue explicitement à partir d'une analyse des figures de pôles.

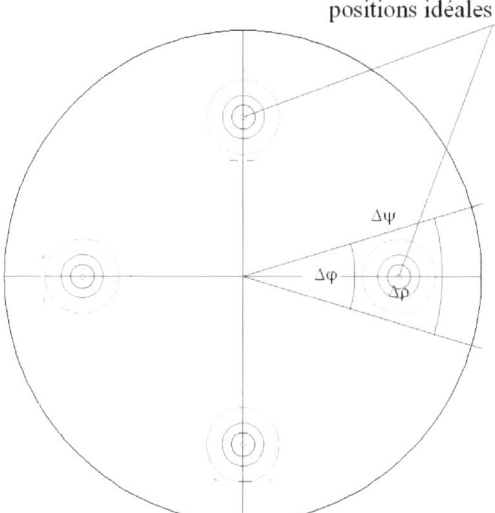

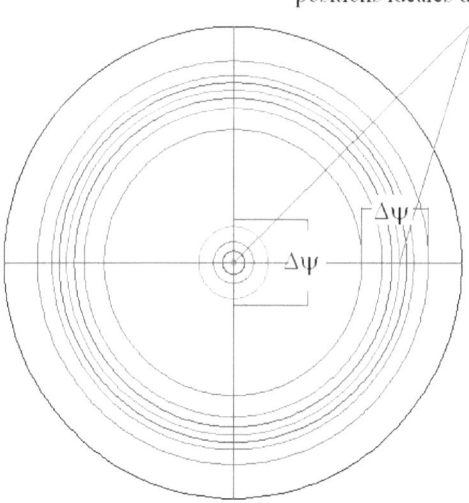

Figure 2-7 Directions possibles dans figures de pôles pour déterminer les contraintes

résiduelles dans les matériaux texturés

Il existe plusieurs types de textures, selon que les cristaux s'orientent suivant une ou plusieurs directions cristallographiques parallèlement à des axes macroscopiques. Dans notre étude, la texture souvent observée est une texture de fibre : les cristaux s'alignent suivant une direction cristallographique parallèle à l'axe de la normale à la surface du film (l'orientation des cristallites autour de cet axe est quelconque). Pour les textures de fibre, la FDOC reflète la symétrie de rotation, l'angle φ n'a pas la limitation, la détermination de contrainte peut être réalisée dans un intervalle $\Delta\psi(\Delta\rho = \Delta\psi)$. Si l'intervalle $\Delta\psi$ est assez grand, le gradient de contrainte peut être réalisé par la méthode de la pénétration constante présentée ci-dessus avec une erreur acceptable. Heureusement, nos échantillons présentent une faible texture de fibre et l'influence de la texture sur l'analyse du gradient de contraintes est relativement limite e dans notre cas d'étude.

2.3 Conclusion

Les techniques expérimentales ont été présentées dans ce chapitre : la méthode de dépôt par MOCVD et le réacteur utilisé pour la synthèse de films de ZrO_2. Les techniques de caractérisation des films de ZrO_2 élaborés par MOCVD ont été décrites en détail. L'analyse des contraintes résiduelles par DRX en faible incidence et le développement associé sont présentés dans ce chapitre.

Références :

[89] T.J.Pinnavaia, M.T.Mocella, B.A.Averill, J.T.Woodward, Inorg. Chem. 12 (1973) 763.

[90] J.Si, S.B.Desu, C.Y. Tsai, J. Mat. Res. 9 (1994) 1721.

[91] W.C.Marra , P.Eisenberger, A.Y.Cho, J. Appl. Phys. 50 (1979) 6927.

[92] R.Delhez, T.H.Keijser, E.J.Mittemeijer, Surf. Eng. 3 (1987) 331.

[93] B.Ballard, X.Zhu, P.Predecki, D.Braski, Adv. X-ray Anal. 41 (1994) 1133.

[94] T.C.Huang, P.K.Predecki, Adv. X-ray Anal. 40 (1996) 61.

[95] A.Li, V.Ji, J.L.Lebrun, G.Inglebert, Experience Technique. 9 (1995).

[96] J.Peng, V.Ji, W.Seiler, Mater. Sci. Forum. 490-491 (2005) 153.

[97] M.A.Tagliente, R.Falcone, D.Mello, C.Esposito, L.Tapfer, Nuclear Instruments and Methods in Physics Research B. 179 (2001) 42.

[98] M.H.Ott, D.Löhe, Mater. Sci. Forum 404-407 (2002) 25.

[99] D.G.Neerinck, T.J.Vink, Thin Solid Films. 278 (1996) 12.

[100] H.J.Dolle, Appl. Cryst. 12 (1979) 489.

[101] H.Behnken, V.Hauk, (2000). In Proceedings of ICRS6, 10–12 July 2000, Oxford, pp. 277–282. London: IOM Communications.

[102] P.Predecki, B.Ballard, X.Zhu, Adv. X-ray Anal. 36 (1993) 237.

[103] Ch.Genzel, Phys. Stat. Sol(a). 156 (1996) 353.

[104] M.ZAOUALI, Thèse de doctorat, ENSAM, Paris, (1990).

CHAPITRE 3. Mat ériaux, dépôt avec conditions optimales et carac t érisation des films de ZrO₂

Les films de ZrO₂ pure d éposés par MOCVD présentent souvent la phase t étragonale ou un m élange des phases t étragonale et monoclinique, bien que la phase t étragonale ne soit pas stable à la temp érature ambiante. Mais jusqu'à maintenant, peu d'attention est ét é accordée à la relation entre les param ètres de d ép ôt et les phases des films. Les propriét és de la zircone (ZrO₂) sont fortement d épendantes de la phase et de la texture, par exemple, la constante di électrique de la zircone (ZrO₂) tétragonale (ε = 37,7) est beaucoup plus éle vée que celle de la zircone (ZrO₂) monoclinique (ε = 19,7) [105]. La stabilisation de la phase t étragonale à la temp érature ambiante dans un film mince est favorisée par la petite taille de cristallites et/ou l'existence de fortes contraintes de compression [28,29,30]. Dans ce chapitre, l'influence des conditions de d ép ôt sur la stabilité de la phase t étragonale est étudi ée.

Comprendre la relation entre les microstructures et les param ètres du procéd é est la cl é pour maîtriser l'élaboration des films. En particulier, l'observation de la texture cristallographique fournit les informations les plus fondamentales et indispensables pour comprendre le m écanisme de croissance. De nombreux chercheurs ont signal é une orientation cristallographique préf érentielle ou les structures colonnaires dans les films minces de ZrO₂ d éposés par MOCVD, mais peu d'études ont été publiées sur la corr élation entre la texture et le procéd é de d ép ôt.

Ce chapitre vise à étudier le r ôle des conditions de d ép ôt par MOCVD sur l'évolution de la microstructure (morphologies, structures cristallines et textures) ; des exp ériences ont ét é r éalis ées pour de larges gammes de param ètres de d ép ôt afin d'apporter des informations sur le mécanisme de croissance. Ces films ont ét é étudiés avec MEB-FEG pour la morphologie de surface et la microstructure en section transverse. La structure cristalline et les contraintes résiduelles des films ont été étudiées par la diffraction des rayons X. La texture cristallographique des films a été étudiée par des acquisitions de figures de pôles par DRX. La relation entre les microstructures et les conditions de dépôt a été clarifiée. Par des analyses approfondies des résultats expérimentaux, quatre mécanismes typiques de dépôt ont été proposés à la vue des évolutions des microstructures et des textures. Les mécanismes de dépôt et l'évolution microstructurale associée ont été discutés.

De plus, les propriétés de la zircone (ZrO$_2$) dépendent fortement du niveau des contraintes résiduelles et de leur distribution dans les films minces. Les contraintes résiduelles peuvent avoir des effets néfastes, tels que le craquelage et le flambage causé par des contraintes de traction et des contraintes de compression, respectivement [106], ou des effets bénéfiques, tels que les effets de renforcement [107] et sur le coefficient de diffusion atomique [108]. Les contraintes résiduelles affectent aussi la microstructure des matériaux, par exemple, la contrainte est une des forces motrices sur la croissance des cristallites [109], la contrainte peut entrainer l'apparition et le mouvement des dislocations dans un matériau céramique [110], ou les transformations de phase peuvent être provoquées par des contraintes dans le cas de ZrO$_2$ [28,111,112].

Les contraintes résiduelles ont souvent été déterminées par la méthode de DRX classique de sin$^2\psi$ pour des films YSZ [113,114] ou des films de ZrO$_2$ [28,115]. Le niveau des contraintes obtenues varient de la compression à la traction, mais peu d'études considèrent le gradient de contrainte dans le film, qui existe bien dans les films fragiles en céramique. Dans ce chapitre, l'existence d'un gradient de contrainte dans les films de ZrO$_2$ déposés par MOCVD a été observée. Le profil de distribution des contraintes en fonction de la profondeur a été analysé par la méthode de DRX en faible incidence (Chapitre 2). L'évolution du niveau de contrainte et de sa distribution est discutée, et le mécanisme de l'apparition des contraintes lors de la croissance est proposé

3.1 Influence des conditions expérimentales sur la microstructure des films de ZrO₂

Les films de ZrO₂ examinés ont été déposés dans un réacteur à parois froides décrit en détail dans chapitre 2. Des wafers polis de Si monocristallin (1 0 0) ont été utilisés comme substrats. Le précurseur dissous dans le cyclohexane a été injecté dans une chambre de vaporisation à 250 °C. Après vaporisation, le précurseur est transporté jusqu'à la chambre du réacteur par flux d'azote préchauffé, puis a rejoint avec le flux d'oxygène préchauffé. La température de dépôt varie de 600 °C à 950 °C. Le flux total de gaz a été maintenu constant à 10 L/h, mais avec une variation du pourcentage volumique d'oxygène (de 5% à 95%). Le taux d'approvisionnement du précurseur calculé à partir de la consommation de solution varie de $R_{sup} = 3 \times 10^{-3}$ g/h.cm² à $R_{sup} = 1,2 \times 10^{-1}$ g/h.cm² en faisant varier la concentration de la solution, la fréquence et le temps d'ouverture de l'injecteur. Le calcul du taux d'approvisionnement de précurseur a été basé sur l'hypothèse d'une homogénéité totale du flux de gaz, qui est confirmée à partir des résultats de simulation [48] et de l'homogénéité d'épaisseur des films déposés. Afin d'étudier le mécanisme de dépôt de ZrO₂ par MOCVD, des expériences ont été effectuées sur une large gamme de conditions de dépôt, cinq groupes d'échantillons typiques ont été élaborés destinés pour des analyses et des caractérisations dans cette étude.

3.1.1 Influence de la température des gaz (groupe 1)

Deux types d'échantillons ont été préparés pour l'étude de l'influence de la température du gaz sur les structures de film déposé, les conditions de dépôt ont été résumées dans le Tableau 3-1.

Type d'échantillons	Paramètres variables (Température du gaz)	Paramètres fixes
A	$T(O_2) = T(N_2) = 25\ °C$	$T_{sub} = 650\ °C$,
B	$T(O_2) = T(N_2) = 250\ °C$	$D(O_2) = D(N_2) = 5\ L/h$,
		$R_{sup} = 0.6 \times 10^{-1}\ g/h.cm^2$

Tableau 3-1 Conditions de dépôts de film ZrO₂ en variant la température de gaz.

La Figure 3-2 montre les diagrammes de diffraction des rayons X pour ces deux types d'échantillons. Les pics de la famille des plans $\{0\ 1\ 1\}_t$ avec $2\theta = 30,27\ °$ et ceux des plans $\{1\ 1\ 0\}_t$ avec $2\theta = 35,25\ °$ de la phase tétragonale ont clairement été identifiés. Les pics de la phase monoclinique n'ont pas été observés dans ces échantillons, cette stabilisation de la phase ZrO₂ tétragonale (métastable) est due à la taille nanométrique des cristallites dans le film. La taille des cristallites calculée par la formule de Scherrer à la mi-hauteur du pic $\{0\ 1\ 1\}_t$ est de 8 nm. Selon nos acquisitions des figures de pôles (Figure 3-3), il n'y a pas d'effet important de texture cristallographique dans les échantillons de type A ; les orientations cristallines des échantillons A sont totalement aléatoires. Les échantillons de type B a un léger effet de texture, seulement une faible texture de fibre de type $\{1\ 1\ 0\}_t$ a été observée.

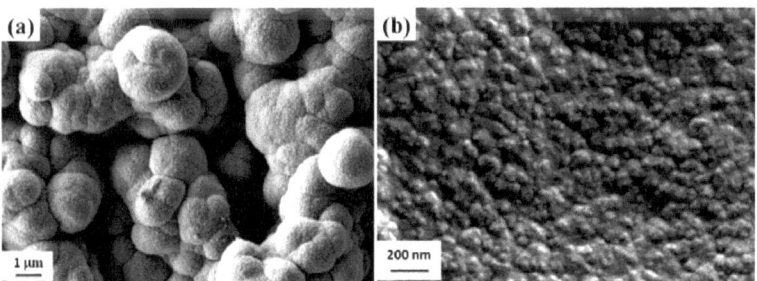

Figure 3-1 Morphologie superficielle des 2 types d'échantillons élaborés de groupe 1 :

(a) type A ; (b) type B.

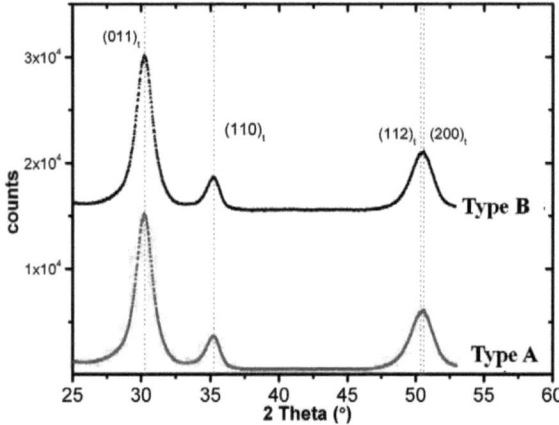

Figure 3-2 Diagrammes de DRX sur les 2 types d'échantillons élaborés (groupe 1).

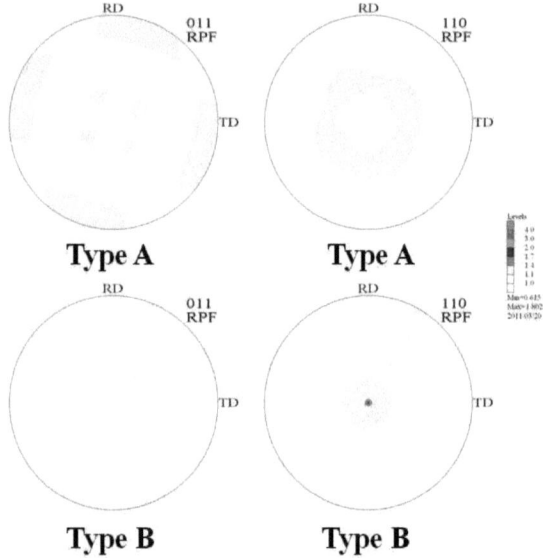

Figure 3-3 Figures de pôles {0 1 1} et {1 1 0} de la phase tétragonale de ZrO₂ des 2

types d'échantillons élaborés (groupe 1).

Les morphologies de surface des échantillons du groupe 1 sont représentées sur la Figure 3-1, les échantillons de type A en provenance de gaz froid (25 °C) présentent des structures coralliennes, alors que la surface des échantillons de type B en provenance de gaz chaud (250 °C) est plutôt plate. A partir de l'observation au MEB-FEG, il est difficile d'estimer la taille des cristallites parce que les limites des cristallites ne sont pas claires. Bien que la morphologie de surface soit totalement différente, la structure cristalline de ces deux types d'échantillons est presque la même.

3.1.2 Influence de la température du substrat (groupe 2)

Cinq types d'échantillons ont été préparés pour l'étude de l'influence de la température du substrat sur la structure cristalline et l'évolution de la texture cristallographique. Les conditions de dépôt ont été résumées dans le Tableau 3-2.

Type d'échantillons	Paramètre variable (Température du substrat)	Paramètres fixes
B	$T_{sub} = 650$ °C	
C*	$T_{sub} = 750$ °C	$D(O_2) = D(N_2) = 5$ L/h
D	$T_{sub} = 800$ °C	$R_{sup} = 0,6 \times 10^{-1}$ g/h.cm²
E	$T_{sub} = 850$ °C	$T(O_2) = T(N_2) = 250$ °C
J	$T_{sub} = 900$ °C	

Tableau 3-2 Conditions de dépôts de film ZrO₂ en variant la température du substrat (C* a été recuit une heure à 750 °C puis refroidi lentement, tandis que les autres échantillons sont refroidis immédiatement après le dépôt).

La Figure 3-4 montre les diagrammes de DRX des échantillons du groupe 2. On observe que tous les échantillons sont constitués de la phase tétragonale, à l'exception des échantillons de type J qui sont bi-phasés. On observe que l'intensité relative des pics $\{1\ 1\ 0\}_t$ augmente avec la température du substrat de dépôt. En comparant avec les intensité théorique des pics (JCPDS 50-1089), la zircone (ZrO₂) tétragonale déposée a une orientation cristalline préférentielle de $\{0\ 1\ 1\}_t$ à haute température (les échantillons de type D et E). L'étude détaillée des pics montre que la largeur à mi-hauteur (FWHM) est en baisse avec l'augmentation de la température de dépôt, ce qui suggère une augmentation de la taille des cristallites avec la température. Les échantillons de type J présentent un mélange de phases monoclinique et tétragonale, en effet on peut voir clairement sur la Figure 3-4 les pics $\{-1\ 1\ 1\}_m$ et $\{1\ 1\ 1\}_m$ de la phase monoclinique.

La Figure 3-4 montre la morphologie de surface des échantillons de type D et de type E : la surface des échantillons de type E est constituée de structures en ïlots, l'observation détaillée montre que ces îlots sont faits de nano cristallites avec la taille moyenne variant de 10 nm à 40 nm. La taille moyenne des cristallites des échantillons de type E calculée à partir de FWHM des pics $\{0\ 1\ 1\}$ de diffraction X est de 26 nm, c'est en accord avec l'observation au MEB-FEG. La taille des cristallites des échantillons de type D calculée à partir de FWHM des pics $\{0\ 1\ 1\}$ de DRX est de 19 nm. A partir de l'observation de la morphologie superficielle au MEB-FEG, la taille visible des cristallites est comprise entre 100 nm et 200 nm, ce qui est beaucoup plus grand que la valeur calculée à partir de la DRX. Ceci signifie qu'il existe des sous-structures dans les échantillons de type D. La morphologie de surface des échantillons de type D présente une structure intermédiaire entre les échantillons de type B et de type E. La surface des échantillons de type D est de structures en îlots comme pour les échantillons de type E, mais les nano-cristallites ne sont pas suffisamment distinguées comme dans le cas des échantillons de type B. Les échantillons de type C ont presque les mêmes morphologies que celles des échantillons de type B observées au MEB-FEG.

Les figures de pôles de quatre types d'échantillons (B-E) sont montrés dans la Figure 3-6, comme on peut le voir, les échantillons de type B et C ont une texture peu marquée, seulement une faible texture de fibre de $\{1\ 1\ 0\}_t$ peut être observée. Par contre, les échantillons de type D montrent une texture de fibre $\{1\ 1\ 0\}_t$ bien visible, tandis que les échantillons de type E a une forte texture de fibre $\{1\ 1\ 0\}_t$. Aucune autre texture n'est observée dans les quatre types d'échantillons. La texture des échantillons de type J n'a pas pu être analysée expérimentalement parce que les pics de diffraction de la phase téragonale et monoclinique sont trop proches pour être identifiés séparément.

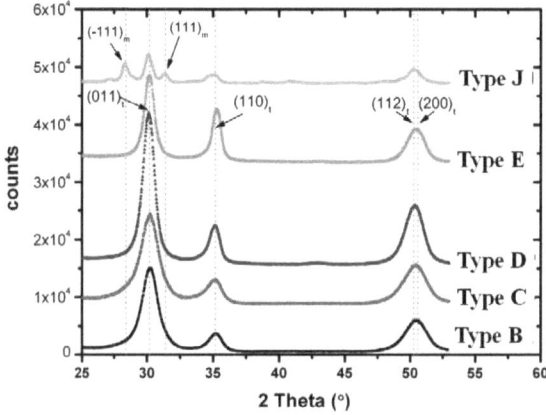

Figure 3-4 Diagrammes de DRX des différents échantillons déposés à différentes températures de substrat.

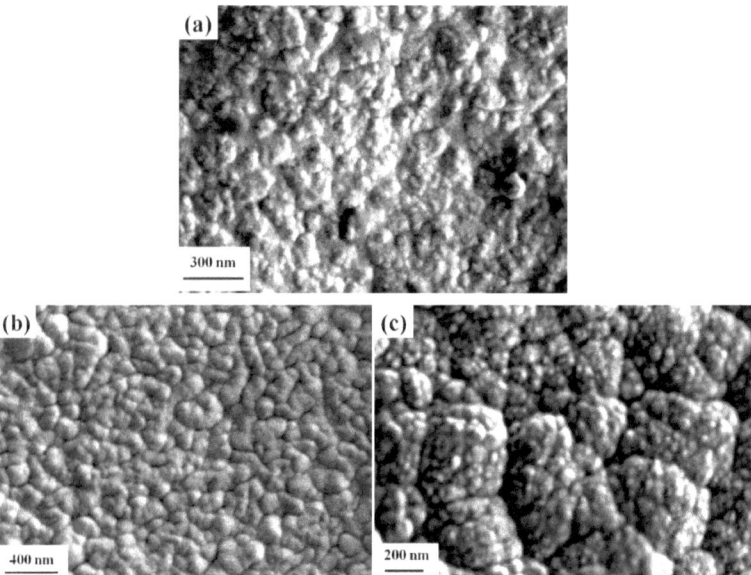

Figure 3-5 Morphologie superficielle des échantillons élaborés de group 2 : (a) type C ;

(b) type D ; (c) type E.

L'indice de la texture et la fraction volumique de fibres $\{1\ 1\ 0\}_t$ ont été calculées à partir des figures de pôles par le logiciel LaboTex (version 3.0), les résultats sont résumés dans le Tableau 3-3. L'indice de la texture et la fraction volumique de la texture augmente avec la température de dépôt.

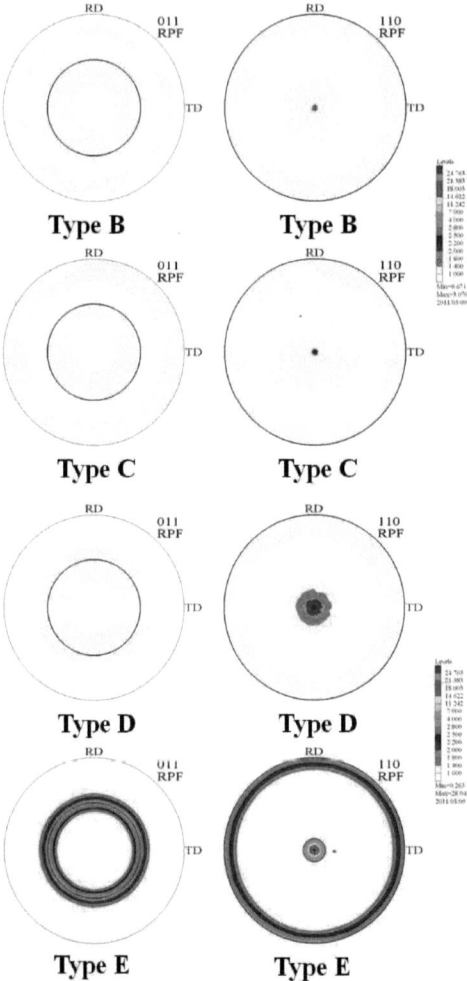

Figure 3-6 Figures de pôles $\{0\ 1\ 1\}$ et $\{1\ 1\ 0\}$ de la phase tétragonale de ZrO₂ des échantillons élaborés (groupe 2).

Type d'échantillons	Type B	Type C	Type D	Type E
Températures de dépôt	650 °C	750 °C	800 °C	850 °C
Indices de texture	1,03	1,06	1,21	8,32
Fraction volumique de texture de fibre {1 1 0}$_t$	1,9 %	2,1 %	7,3 %	52,6 %

Tableau 3-3 Résultats de l'analyse quantitative de la texture par LaboTex.

3.1.3 Influence du débit de précurseur (groupe 3)

Cinq types d'échantillons ont été préparés et caractérisés pour l'étude de l'influence du débit de précurseur sur les structures et l'évolution des textures. Les conditions de dépôts ont été résumées dans le Tableau 3-4.

Type d'échantillons	Paramètre variable (Débit de précurseur)	Paramètres fixes
F	$R_{sup} = 3 \times 10^{-3}$ g/h.cm^2	
G	$R_{sup} = 6 \times 10^{-3}$ g/h.cm^2	$D(O_2) = D(N_2) = 5$ L/h
K	$R_{sup} = 1,2 \times 10^{-2}$ g/h.cm^2	$T_{sub} = 850$ °C
E	$R_{sup} = 6 \times 10^{-2}$ g/h.cm^2	$T(O_2) = T(N_2) = 250$ °C
H	$R_{sup} = 1,2 \times 10^{-1}$ g/h.cm^2	

Tableau 3-4 Conditions de dépôts de film ZrO$_2$ en variant le débit de précurseur.

Les diagrammes de DRX des échantillons déposés avec différents débits de précurseur (groupe 3) sont présentés dans la Figure 3-7. Les résultats montrent clairement l'influence importante du débit de précurseur sur la structure des films de ZrO$_2$. Les films sont constitués seulement de la phase tétragonale pour un faible débit de précurseur (échantillons de type F, $R_{sup} = 3 \times 10^{-3}$ g/h.cm^2). Comme le montre dans la Figure 3-7, le pic le plus intense des échantillons de type F apparaît à la position de pics {0 1 1}$_t$, démontrant clairement une orientation préférentielle de croissance dans la direction {0 1 1}$_t$. Lorsque le débit de précurseur augmente, les échantillons de type K ($R_{sup}=1,2 \times 10^{-2}$ g/h.cm^2) et de type G ($R_{sup}=6 \times 10^{-3}$ g/h.cm^2) montrent un mélange de phases tétragonale et monoclinique, comme on le voit clairement sur la Figure 3-7, les pics $\{1\ 1\ 1\}_m$ et $\{-1\ 1\ 1\}_m$ de la phase monoclinique et le pic $\{0\ 1\ 1\}_t$ de la phase t étragonale sont pr ésents. Une augmentation du d ébit de précurseur suppl émentaire, entraîne la formation des films constitu ées de la phase t étragonale pure, comme le montrent les diffractogrammes des échantillons de type E ($R_{sup} = 6x10^{-2}$ g/h.cm^2) et de type H ($R_{sup} = 1,2x10^{-1}$ g/h.cm^2).

Les observations au MEB-FEG de la surface des échantillons de type F (Figure 3-8), d éposé avec un faible d ébit de précurseur ($R_{sup} = 3x10^{-3}$ g/h.cm^2), montrent clairement les structures des facettes, ce qui indiquent une croissance typique de facette. En comparant les clichés MEB-FEG des échantillons de type A-E, les cristallites des échantillons de type F semblent être des agrégats distribués de façon non compacte, à la diff érence des cristallites dur-agrégées des autres échantillons (les échantillons de type A-E). Les échantillons de type K ($R_{sup} = 1.2x10^{-2}$ g/h.cm^2) présentent une structure en facette similaire de celle des échantillons de type F, mais la forme pyramidale des cristaux est de sym étrie monoclinique, l'angle de la pyramide n'est pas à 90 °, ce qui est diff érent de la forme t étragonale des échantillons de type F. Les échantillons de type G ($R_{sup} = 6x10^{-3}$ g/h.cm^2), qui sont d éposés avec un d ébit de précurseur compris entre celui utilis é pour élaborer les échantillons de type F et celui utilis é pour les échantillons de type K, ne présente pas une structure de facette. La morphologie en surface des échantillons G, comme les structures de la pyramide des échantillons de type F, est couverte par un nouveau film de structures différentes.

Bien que le d ébit de précurseur des échantillons de type H ($R_{sup} = 1,2x10^{-1}$ g/h.cm^2) est le double de celle des échantillons de type E, ils ont des structures similaires ; les deux types d'échantillons présentent seulement la phase tétragonale. La morphologie de surface, la microstructure dans la section ainsi que la texture sont presque les m êmes que celles des échantillons de type E ($R_{sup} = 6x10^{-2}$ g/h.cm^2). La seule différence est que l'indice de la texture et la fraction volumique de fibres $\{1\ 1\ 0\}_t$ sont moindres : 2,8 et 19,8% pour des échantillons de type H, compar é à 8,32 et 52,6% des échantillons de type E.

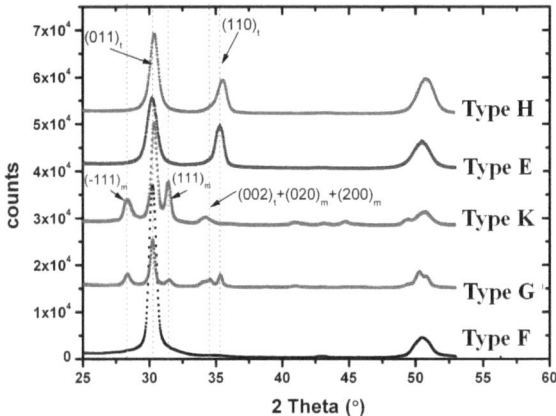

Figure 3-7 Diagrammes de DRX des différents échantillons déposés pour des débits de

précurseurs différents : du type F au type H le débit de précurseur est croissant.

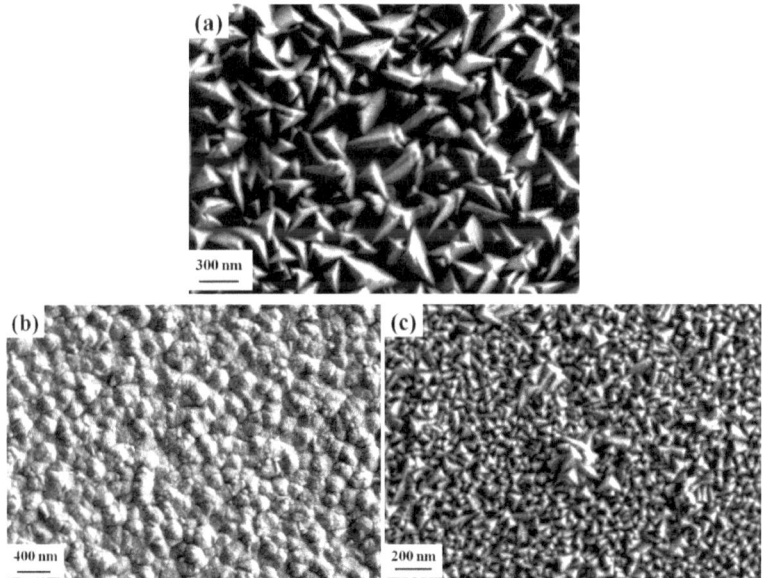

Figure 3-8 Morphologie superficielle des échantillons élaborés du groupe 3 : (a) type K,

(b) type G et (c) type F.

3.1.4 Influence de la teneur d'oxygène

Les échantillons du groupe 4 et groupe 5 sont préparés pour étudier l'influence de la teneur en oxygène sur la structure des films de ZrO$_2$. La différence entre les deux groupes est le débit du précurseur, comme le montre dans le Tableau 3-5.

Groupes	Type d'échantillons	Paramètres variables	Parametres fixes
	L	$D(O_2) = 2$ L/h ; $D(N_2) = 8$ L/h	$T_{sub} = 850$ °C
Groupe 4	E	$D(O_2) = D(N_2) = 5$ L/h	$T(O_2) = T(N_2) = 250$ °C
	N	$D(O_2) = 8$ L/h ; $D(N_2) = 2$ L/h	$R_{sup} = 6 \times 10^{-2}$ g/h.cm^2
	I	$D(O_2) = 0.5$ L/h ; $D(N_2) = 9.5$ L/h	$T_{sub} = 850$ °C
Groupe 5	G	$D(O_2) = D(N_2) = 5$ L/h	$T(O_2) = T(N_2) = 250$ °C
	R	$D(O_2) = 9.5$ L/h ; $D(N_2) = 0.5$ L/h	$R_{sup} = 6 \times 10^{-3}$ g/h.cm^2

Tableau 3-5 Conditions de dépôts des films ZrO$_2$, variation du débit d'oxygène.

Dans le groupe 4, où les échantillons sont préparés avec un débit fixe de précurseur ($R_{sup} = 6 \times 10^{-2}$ g/h.cm^2), la teneur en oxygène a une forte influence sur la phase et la texture des films de ZrO$_2$. Les diagrammes de DRX des échantillons de type L et E montrent qu'il n'y a que la phase tétragonale (Figure 3-9). Mais lorsque la teneur d'oxygène augmente jusqu'à 80%, le diagramme de DRX des échantillons de type N montre un mélange des phases tétragonale et monoclinique (Figure 3-9). Les figures de pôles des échantillons de type L et E montrent une texture de fibres de type {1 1 0}$_t$, mais avec une intensité et une fraction volumique différente, comme indiqué dans le Tableau 3-6. L'augmentation de la teneur d'oxygène provoque une texture de fibre plus prononcée, et enfin fait apparaitre de la phase monoclinique. Toutefois, les morphologies de surface de ces trois types d'échantillons sont similaires.

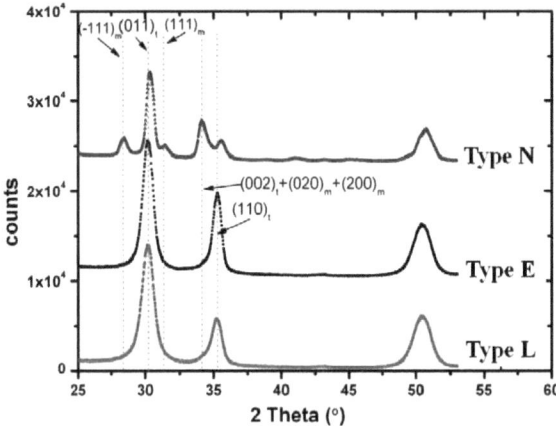

Figure 3-9 Diagrammes de DRX des différents échantillons déposés à différents débit

d'oxygène (groupe 4).

Type d'échantillons	Type L	Type E	Type N
Pourcentage en oxygène	20%	50%	80%
Indice de texture	1,5	8,32	**
Fraction volumique de texture de fibre $\{1\ 1\ 0\}_t$	22,0%	52,6%	**

Tableau 3-6 Résultats de l'analyse quantitative de la texture par LaboTex (groupe 4).

La Figure 3-10 montre l'évolution des structures cristallines des échantillons dans le groupe 5. Les échantillons de type I sont quasiment monophasée (phase tétragonale) ; tandis que quand la teneur d'oxygène est supérieure à 50%, le film ZrO_2 obtenu fait apparaitre la phase monoclinique (les échantillons de type G et R), comme le montre la Figure 3-10 où l'on peut observer les pics de la phase monoclinique sur les diagrammes de DRX pour les échantillons de types G et R. Le pic le plus intense des échantillons de type G apparaît entre 34 ° et 35 °, il est difficile d'identifier la phase correspondant à ce pic de diffraction parce que des pics de la phase tétragonale et de la phase monoclinique se trouvent dans cette même zone angulaire. Toutefois, l'intensité relative des pics des échantillons de type I révèle qu'ils ont une texture prononcée, parce que le pic $\{0\ 1\ 1\}_t$

de la phase tétragonale se situant à 30 ° est beaucoup plus intense que le pic $\{1\ 1\ 0\}_t$.

Les morphologies de surface des échantillons de type I et R sont présentées dans la Figure 3-11. La taille des cristallites des échantillons de type I, estimée à partir de l'image au MEB-FEG (environ 50 nm), est supérieure à la valeur calculée avec la formule de Scherrer (26 nm). Sur l'image de la surface des échantillons de type R, des cristaux orientés de grande taille sont observés en surface.

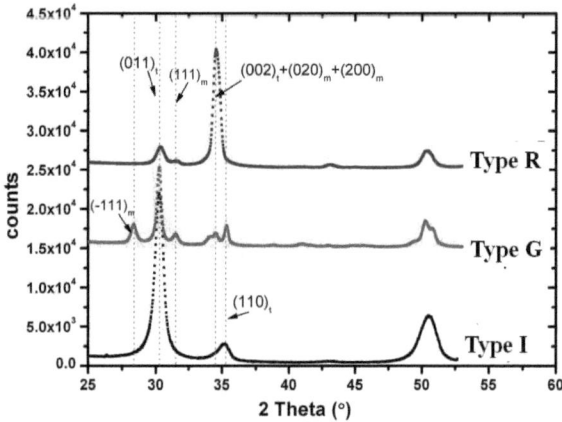

Figure 3-10 Diagrammes de DRX des différents échantillons déposés à différentes débit d'oxygène (groupe 5).

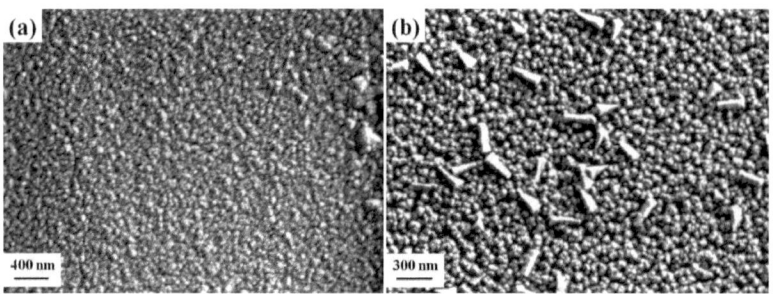

Figure 3-11 Morphologie superficielle des échantillons élaborés de la Groupe 5 : (a) type I et (b) type R.

3.1.5 Mécanisme de dépôt

Considérant les différentes conditions de dépôt entre les échantillons de type A et de type B (groupe 1), la différence de morphologie de surface est due à la différence de taux de vaporisation de la solution injectée de la buse. Pour les échantillons de type A, le gaz porteur (N_2) et le gaz de réaction (O_2) est froid (à 25 °C), ce qui entraîne une vaporisation non complète des gouttes de solution. Les gouttes de solution éclaboussent sur le substrat chauffé et sont vaporisées très rapidement, laissant une grande quantité de précurseur sur le substrat. Et puis, cette grande quantité de précurseur se décompose et forme des nombreux centres de nucléation, ce qui entraîne la formation d'un film de structure corail. Ce premier mécanisme est nommé le «mécanisme goutte-liquide » dans la discussion suivante (Figure 3-12).

Alors que dans le cas des échantillons de type B, après avoir été injectées de la buse, les gouttes de la solution sont entièrement vaporisées, résultant en une surface très lisse. Toutefois, la structure des échantillons de type B présente une orientation cristallographie quasiment aléatoire et la taille des cristallites est relativement faible (8 nm calculé à partir des FWHM de DRX). Ce résultat est très différent de la littérature : les films de ZrO_2 déposés par MOCVD présentent habituellement une texture cristallographique marquée [5,37,39]. Nous proposons ici le second mécanisme de déposition nommé « mécanisme colloïde » (Figure 3-12) Dans le cas des échantillons de type B, bien que la solution soit entièrement vaporisé, le précurseur n'est pas entièrement vaporisé Après la vaporisation de la solution, le précurseur existe partiellement en vapeur et partiellement sous forme de solides colloïdes (< 10 nm). Ces précurseurs colloïdes sont transportés à la surface du substrat et se décomposent à une température relativement élevée, formant des centres de nucléation et de croissance. Ces colloïdes sont transportés à la surface du substrat de façon aléatoire, après la décomposition, les dépôts sont agrégés et manquent de mobilité, de sorte que les nano-cristallites sont orientées de façon totalement aléatoire. Ce mécanisme entraîne une vitesse de nucl éation importante et une vitesse de cristallisation faible, parce que tous les collodes pourraient constituer un centre nucl éation de nano-cristallites.

Tous les échantillons du groupe 2 présentent une structure qui correspond à un m élange de nano-cristallites avec une orientation al éatoire avec une texture cristallographique plus ou moins prononcée. M ême dans des échantillons de type B, les orientations des cristallites ne sont pas totalement al éatoires, une faible proportion de volume correspondant à une texture fibreuse (1,9%, Tableau 3-3) a ét é détect ée par l'analyse des figures de pôles. Les différences les plus importantes des échantillons du groupe 2 sont r ésum ées dans la Figure 3-6 et dans le Tableau 3-3, les indices et les fractions volumiques de la texture $\{1\ 1\ 0\}_t$ augmentent avec la temp érature du substrat de d épôt. La texture cristallographique dans le procéd é de CVD est g én éralement consid ér ée comme le r ésultat de la croissance orient ée préférentielle [32] ; il s'agit d'un processus typique de la cristallisation. Le renforcement de la texture cristallographique r év èle l'augmentation de la vitesse de cristallisation. Comme la temp érature du substrat augmente, les précurseurs sont vaporis és plus facilement avant d'atteindre le substrat, en raison du gradient thermique génér é au-dessus du substrat. Parce que la pression de vapeur saturante augmente avec la temp érature, l'augmentation de la temp érature du substrat entraîne une augmentation de la fraction de précurseur en phase gazeuse avant d'atteindre la surface du substrat.

Le troisième m écanisme de d épôt, nous avons propos é de nommer le « mécanisme vapeur » (Figure 3-12). Ce m écanisme de d épôt par le procéd é de CVD est rapport é dans de nombreuses littératures [32,116]. Le précurseur se décompose à la surface en phase gazeuse, ce qui diffère du « mécanisme colloïde » : le précurseur n'est pas agrégé, mais s épar é en molécule unique. Ces molécules s épar ées se d écomposent à la surface avec une grande mobilité, elles ont des difficultés à former des centres de nucl éation et elles se localisent sur les cristallites d éj à existantes. Dans notre étude, le « m écanisme vapeur » peut entraîner la formation d'une structure en facettes. Les structures facettées des échantillons de type F et K rév èlent typiquement le « mécanisme vapeur ».

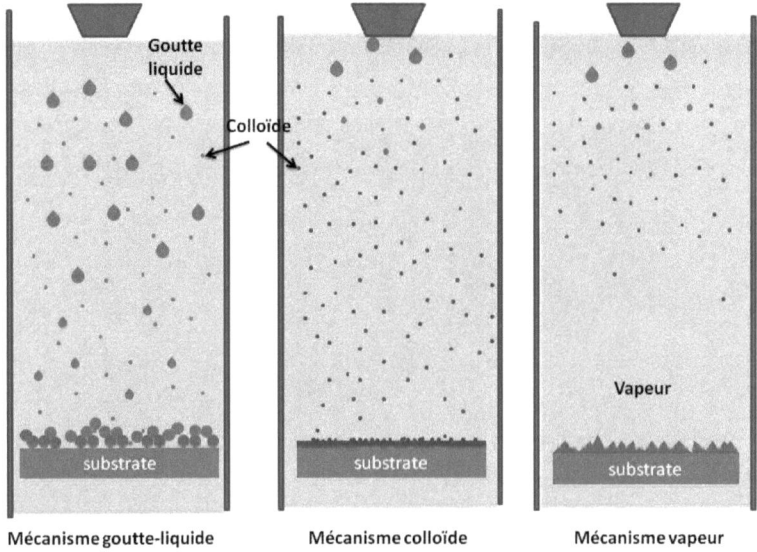

Figure 3-12 Représentation schématique des trois mécanismes de dépôt.

Il faut noter que le « mécanisme colloïde » agit toujours de façon couplée avec le « mécanisme vapeur », comme une certaine proportion de précurseur se vaporise, peu importe à quelles conditions. L'image des échantillons de type E dans la section montre clairement des structures en colonne (Figure 3-13), en accord avec une forte texture observée avec les figures de pôles. Mais la surface se compose de nombreux petites nano-cristallites (Figure 3-5). Une étude détaillée de la section des échantillons de type E montre que la structure colonnaire est constituée de petites sous-structures dans la région près de la surface (Figure 3-13). En région plus profonde (plus loin de la surface) du dépôt, ces sous-structures ne sont plus très visibles en raison de l'influence du recuit in-situ lors du dépôt. Cette microstructure ainsi que la morphologie de surface apporte la preuve de la croissance par le « mécanisme colloïde » des échantillons de type E. L'apparition des deux phases de ZrO₂ dans les échantillons de type J est le résultat de la grande taille des cristallites. Les augmentations de la température du substrat font augmenter la proportion de précurseur en phase vapeur, entraînent une vitesse de cristallisation plus importante et une vitesse de nucléation plus faible.

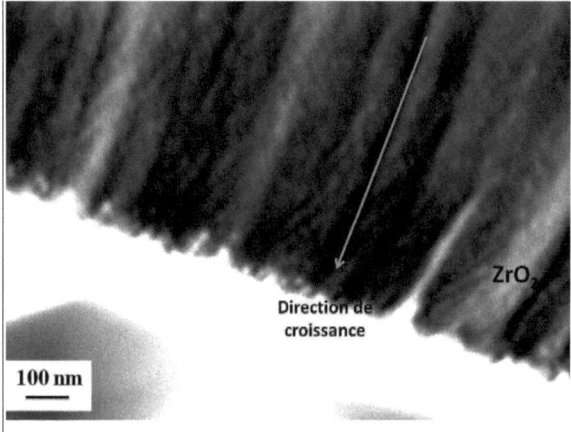

Figure 3-13 Morphologie des films en section des échantillons (type E).

À l'appui de nos mécanismes de dépôt proposés, les échantillons de type H ont été déposés avec un débit de précurseur deux fois plus important que celui utilisé pour l'élaboration des échantillons de type E. Les structures de ces deux échantillons sont assez semblables : des diagrammes de DRX similaires, une morphologie de surface semblable et des figures de pôles comparables. La différence la plus importante est la fraction volumique de texture de fibre $\{1\ 1\ 0\}_t$. Les échantillons de type H ont moins de fraction volumique du composant de la texture de fibre (19,8%) que les échantillons de type E (52,6%). Ces résultats indiquent que pour les échantillons de type H, le mécanisme de déposition prédominant est le « mécanisme-colloïde » : à température de dépôt constant, l'augmentation de la quantité de précurseur entraîne la diminution de la proportion de précurseur en phase gazeuse, ce qui conduit à une vitesse de cristallisation plus faible et une vitesse de nucléation plus forte.

La diminution du débit de précurseur entraîne la formation de films de ZrO₂ constituées des deux phases tétragonale et monoclinique. L'apparition de la phase

81

monoclinique révèle que les échantillons de type G ont une taille de cristallites beaucoup plus grande que les autres échantillons, ceci est confirmée par l'observation de la morphologie de la surface au MEB-FEG (Figure 3-8, plus grande que 200 nm). L'augmentation de la vitesse de cristallisation et la diminution de la vitesse de nucléation résulte de la diminution de la quantité de précurseur. Continuer à diminuer le débit de précurseur entraîne l'élaboration d'échantillons (type F) qui présentent de nouveau une structure tétragonale. En raison d'un faible débit de précurseur, les tailles de cristallites des échantillons de type F ne sont plus suffisants pour induire la transformation de phase t→m. Bien que nous ne pouvons pas obtenir de figure de pôles par DRX, le diffractogramme de DRX (Figure 3-7) indique un très fort effet de texture cristallographique dans les échantillons de type F parce que l'intensité relative des pics des échantillons de type F est beaucoup plus forte que celle des échantillons de type E, déjà fortement texturés (fraction volumique 52,6 %). Les échantillons de type K, G et F sont considérés comme le résultat de croissance par un seul mécanisme : « mécanisme vapeur », la vitesse de nucléation plus petite et la vitesse de cristallisation plus importante conduisent à la formation de cristallites de plus grande taille. Toutefois, la surface des échantillons de type G montre une structure différente de celle des échantillons de type K et F, bien que le débit des précurseurs des échantillons de type G se situe entre ceux de F et K. Compte tenu du fait que les échantillons de type G ont une structure mixte tétragonale et monoclinique, le mécanisme de croissance peut être proposé comme ci-dessous : pendant le dépôt, la taille des cristallites des échantillons de type G atteigne la taille critique pour la stabilisation en phase tétragonale, la zircone (ZrO₂) en phase monoclinique continue de croître sur la surface de cristallite tétragonale. A partir de la morphologie de surface des échantillons de type G, on peut distinguer une structure en forme de pyramides, semblable aux structures des échantillons de type F, mais les bords ne sont pas aussi définis que ceux des échantillons de type F.

L'image de la surface des échantillons de type F montre que la taille des cristallites est beaucoup plus grande, de 20 nm à 70 nm que celle des échantillons de type E (26 nm) et B (8 nm), ces résultats sont en accord avec la taille calculée à partir des FWHM de DRX (41 nm). Toutefois, la taille des cristallites des échantillons de type F est beaucoup plus importante que la taille critique pour la stabilisation de la phase tétragonale rapportée dans la littérature, le mécanisme de stabilisation de la phase tétragonale pour les échantillons de type F sera discuté dans le chapitre suivant.

La croissance des cristaux est un processus très complexe, en particulier, très peu d'informations sur le processus de croissance en facette sont fournies à ce jour. Dans cette étude, la croissance en facette des échantillons de type F et K est contrôlée par le débit de précurseur. Le « mécanisme-vapeur » pourrait être distingué de l'état de surface « super-saturé » et l'état de surface « non saturé». L'état « super-saturé» est définie comme : les atomes libres sur la surface sont plus nombreux que les positions de dépôt possibles, résultant en une augmentation du potentiel de surface [117]. L'augmentation du potentiel de surface permet aux atomes libres de diffuser suivant des joints de cristallites dans les régions plus profondes. L'état de surface «non saturé» est défini comme : les atomes libres sur la surface de dépôt sont moins nombreux que les positions possibles. Bien que les échantillons de type B-E présentent le mélange du « mécanisme-colloïde » et du « mécanisme-vapeur », l'état de surface de dépôt est un état de « super-saturé». En effet ils ont été élaborés avec un débit de précurseur si important que le précurseur n'a pu être entièrement vaporisé avant d'atteindre la surface de dépôt. Cet état de surface « super-saturé» induit toujours une contrainte de croissance de compression [117]. En effet presque tous les échantillons obtenus via le « mécanisme colloïde », présentent une contrainte de croissance en compression ainsi qu'un gradient de contraintes dans l'épaisseur du film [§ 3.2]. Toutefois, dans des conditions de « super-saturé », les structures en facette ne peuvent pas être stables et une morphologie rugueuse apparaît [118].

Les échantillons de type F, K, et G sont déposés avec un état de surface non-saturé, ce qui se traduit par des structures en facette. Le niveau des contraintes internes reste très fiable pour ces échantillons, malgré l'effet thermique non négligeable. Les contraintes internes pourraient être un autre facteur qui fait disparaitre les facettes, rapporté par Tersoff [119], les cristaux en facette sont m étastables sous contrainte. En r ègle générale, dans le procéd é CVD, il y a un plan atomique de d épôt préférentiel qui est d étermin é par la vitesse de croissance relative à l'orientation cristallographique [120,121]. Selon les micrographies des échantillons de type G et F, les facettes appartiennent aux plans atomiques de faible énergie de d épôt pour la phase monoclinique (échantillons de type K, G) et la phase tétragonale (échantillons de type F). Les figures de p ôles ne sont pas accessibles pour des échantillons de type F, G et K à cause de la présence des 2 phases dans le film. L'orientation préférentielle de la croissance est diff érente que celle de la texture de fibre de type $\{1\ 1\ 0\}_t$, obtenue sous les conditions de croissance via le « m écanisme collo ïde » avec une surface « super-saturée ».

L'influence de la teneur en oxyg ène est étudiée en comparant les échantillons du groupe 4 (« m écanisme-collo ïde ») et le groupe 5 (« m écanisme-vapeur »). Comme on peut le constater, dans le groupe 4 pour un débit de précurseur fort, plus l'oxyg ène apporté est important plus la texture des échantillons est marqu ée. Dans cette gamme étudiée, l'oxyg ène est consid ér é comme ayant un effet bén éfique sur la vitesse de cristallisation. Une grande teneur d'oxyg ène conduit à un m élange de phases t étragonale et monoclinique, ce qui entraîne une augmentation de taille des cristallites. En comparant les échantillons du groupe 4, on constate que l'oxygène influence la vitesse de cristallisation. Les échantillons de type D, L et H ont été d épos és dans des conditions totalement diff érentes, leurs structures cristallines et la texture cristallographique sont tr ès semblables les unes aux autres. Ceci suggère que les microstructures des films de ZrO₂ d épos és par MOCVD sont contrô ées surtout par la vitesse de nucl éation et la vitesse de cristallisation lors du d épôt.

Les échantillons du groupe 5 ont été é préparés dans des conditions exp érimentales favorisant le « m écanisme-vapeur ». Lorsque la teneur en oxyg ène augmente à 90%

(volumique), un changement d'orientation préférentielle est observé, comme on peut le voir sur la Figure 3-10 (les échantillons de type R). De plus, lorsque la teneur en oxygène diminue à 5% (les échantillons de type I), la phase constituant les films change et devient tétragonale. La taille moyenne des cristallites pour les échantillons de type J, calculée à partir de FWHM de DRX est de 23 nm, est inférieure à la valeur estimée par l'observation directe au MEB-FEG (environ 50 nm). Cette différence est due à l'oxydation insuffisante de ZrO_2. Du zirconium métal (confirmé par EDX) a été détecté sur la surface des échantillons de type I, déposé avec un débit d'oxygène très faible (Figure 3-14). Ceci est la preuve directe de l'oxydation insuffisante de ce film. Des défauts cristallins dus à l'oxydation insuffisante sont censés exister dans ces échantillons. J.S. Kim *et al.* ont signalé qu'une grande quantité d'impuretés de carbone pourrait faire obstacle à la transformation de phase t→m [39]. Cependant, les échantillons de type I sont déposés à des températures beaucoup plus élevées, les résultats antérieurs de notre laboratoire indiquent il y a peu de contamination en carbone dans les films déposés dans des conditions similaires, en raison de la température de dépôt élevée [47,48].

Comme mentionné dans l'introduction, la stabilisation de la phase métastable tétragonale est généralement expliquée par la petite taille des cristallites. La phase tétragonale de ZrO_2 pourrait être obtenue en diminuant la taille de cristallites, en augmentant la vitesse de nucléation et en diminuant la vitesse de cristallisation. Ce processus pourrait être réalisé de différentes manières : une température de dépôt faible (groupe 2), un petit débit d'oxygène (groupes 4 et 5) ou un débit de précurseur faible (groupe 3). Dans le présent travail, les échantillons déposés en vertu de l'état du « mécanisme-colloïdes » sont toujours constitués de la phase tétragonale, en raison de la grande vitesse de nucléation du « mécanisme-colloïde ». La diminution du débit d'oxygène peut entraîner l'apparition de la phase tétragonale par la diminution de la vitesse de cristallisation. Un faible débit de précurseur peut aussi faire apparaître la phase tétragonale (les échantillons de type F), car à la fois la vitesse de nucléation et la vitesse de cristallisation sont faibles pour l'élaboration de ces échantillons. En résumé, la phase tétragonale des films peut apparaître soit avec une grande vitesse de nucléation (une faible température de dépôt, un fort débit de précurseur), soit avec une faible vitesse de cristallisation (un petit débit d'oxygène, une petite quantité de précurseur).

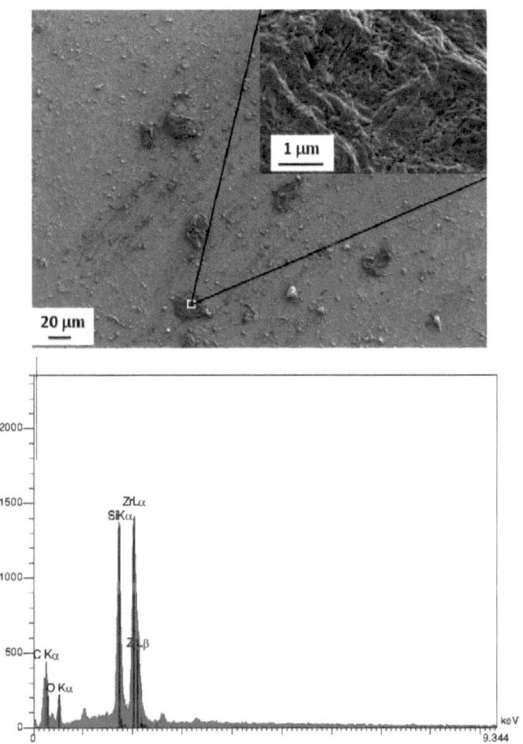

Figure 3-14 Observation du métal Zr par MEB-FEG (a) et résultat de EDX (b) (type I).

En outre, différents types de textures cristallographiques ont été observés dans cette étude, l'évolution de la texture sera abordée dans le CHAPITRE 4. Pour la plupart des échantillons, la taille des cristallites calculée avec la formule Sherrer est conforme à celle de l'observation au MEB-FEG, toutefois, pour certains échantillons (pour des échantillons de type B, D, E, L et H), les valeurs calculées avec la formule Sherrer ne sont pas en accord avec l'observation au MEB-FEG, en raison de défauts cristallins dans ces échantillons.

3.2 Etude des contraintes résiduelles

La contrainte résiduelle a été analysée par la méthode des $\sin^2\psi$ et par la méthode de profondeur de pénétration constante (DRX en faible incidence) [Chapitre 2]. Les profondeurs d'analyse choisies par la méthode de profondeur de pénétration constante varient de 0,2 µm à 1,2 µm pour analyser ou caractériser le gradient de contrainte résiduelle dans les films. A chaque profondeur choisie, une série d'angles instrumentaux (ω, χ, ϕ) ont été proposés pour les acquisitions expérimentales de pics de diffraction. L'origine des contraintes dans les films minces est généralement complexe (on peut distinguer : les contraintes de croissance générées pendant le processus de dépôt, les contraintes thermiques dues au processus de refroidissement après le dépôt et le développement des contraintes dû aux processus thermodynamiquement activés, tels que l'interdiffusion et la transformation de phase [122]).Tout les échantillons choisis pour analyser le gradient de contraintes sont constitués de la phase tétragonale, la transformation de phase (de la phase tétragonale à la phase monoclinique) peut provoquer une contrainte de compression en raison du changement de volume associé(environ 3-5% lors de la transformation de phase t↔m ZrO₂) [123], l'état de contrainte est donc modifié. Les films ZrO₂ de la phase tétragonale sans texture cristallographique ont été choisis pour l'analyse du gradient de contrainte pour éviter les effets de texture. L'apparition de la texture est étroitement liée au processus de recristallisation, qui libère de l'énergie de déformation [124]. Les résultats expérimentaux et l'analyse des contraintes associée pourraient être utiles pour comprendre le mécanisme de génération des contraintes des films de ZrO₂ et optimiser le processus de dépôt afin d'obtenir des films avec la propriété et la microstructure bien contrôlée.

Dans cette partie, afin de minimiser l'effet du recuit à température élevée lors du dépôt, les échantillons analysés ont été refroidis immédiatement après le dépôt.

3.2.1 Effet des conditions de dépôt sur les contraintes résiduelles

Tout d'abord, trois séries d'échantillons ont été préparées avec différents débits de précurseurs (Tableau 3-7). Les contraintes résiduelles ont été analysées pour les trois séries d'échantillons par la méthode des $\sin^2\psi$.

Séries A	Paramètre variable (débit de précurseur)	Paramètres fixes	Contrainte résiduelle
F	$R_{sup}=3\times10^{-3}$ g/h.cm^2	$D(O_2)=D(N_2)=5$ L/h	0±50 MPa
E	$R_{sup}=0.6\times10^{-1}$ g/h.cm^2	$T_{sub}=850$ °C	-730±100 MPa
H	$R_{sup}=1.2\times10^{-1}$ g/h.cm^2	$T(O_2)=T(N_2)=250$ °C	-1280±170 MPa

Tableau 3-7 Conditions de dépôts de films ZrO₂ en variant le débit de précurseur.

Les échantillons de type F sont déposés sous un état de surface non-saturé (§ 3.1.5), ce qui se traduit par la présence d'une structure en facette. Le niveau de contrainte résiduelle est quasiment nul. Dans la section transversale des échantillons de type F, il existe beaucoup de porosités (Figure 3-15), et la morphologie est très différente que celle des autres échantillons (par exemple, les échantillons de type E, Figure 3-15). Mais une contrainte de compression est observée dans les échantillons de type E et H, qui sont déposés selon les conditions expérimentales utilisant le «mécanisme-colloïde».

Le Tableau 3-8 montre l'influence de la température de dépôt sur les contraintes résiduelles. Dans tous les échantillons étudiés, les contraintes résiduelles sont bien existantes et visibles.

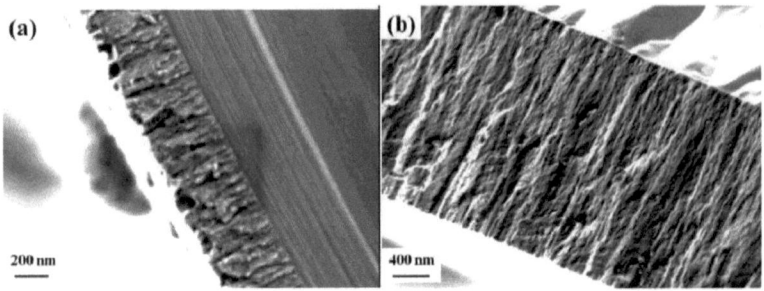

Figure 3-15 Morphologies en section transversale des échantillons élaborés : (a) type

F ; (b) type E.

Séries B	Paramètre variables (température de dépôt)	Paramètres fixes	Contrainte résiduelle
B	T_{sub}=650 °C	$D(O_2)=D(N_2)$=5 L/h	Gradient
N	T_{sub}=700 °C	R_{sup}=0.6x10^{-1} g/h.cm^2	Fissuré
C	T_{sub}=750 °C	$T(O_2)=T(N_2)$= 250 °C	Fissuré
D	T_{sub}=800 °C		450±90 MPa
E	T_{sub}=850 °C		-730±100 MPa

Tableau 3-8 Conditions d'élaboration de films ZrO$_2$ en fonction de la température de

dépôt.

Les déformations des films de type N et C ont été observées par MEB-FEB
(Figure 3-16). La courbure observée dans le sens transversal indique qu'il y avait un
fort gradient de contrainte dans les films avant la découpe : généralement, lorsque la
contrainte résiduelle est libérée, l'existence d'une contrainte initiale en compression
dans la zone proche de l'interface film/substrat induit une déformation en traction, alors
que la libération de la contrainte initiale en traction dans la zone proche de l'extrême
surface induit une déformation en compression, comme le montre la Figure 3-16 . Les
films minces fissurés des échantillons de type N et C révèlent que les contraintes
résiduelles dans le dépôt sont plus importantes que celles dans les échantillons de type
B (T_{sub}=650 °C). Les échantillons de type D et E sont déposés à une température plus

élevée, mais les deux échantillons ne sont pas fissurés, le niveau de contraintes résiduelles dans ces deux types d'échantillons est moins important que celui dans les échantillons de type N et C. En analysant la microstructure de ces deux types d'échantillons, on observe une texture marquée des échantillons de type D et E, signalant certains liens entre le niveau de contrainte et la texture.

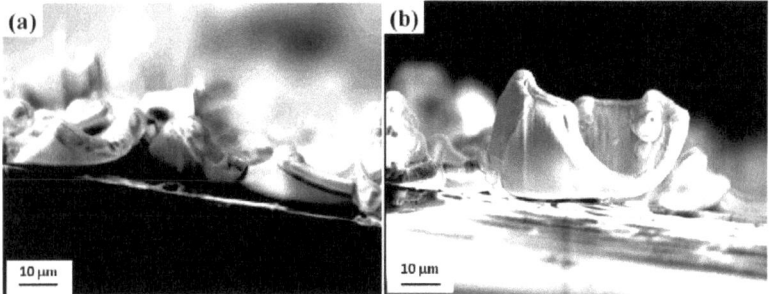

Figure 3-16 Morphologie des films en section transversale des échantillons élaborés : (a) type N et (b) type C

Séries C	Paramètre variable (debit de précurseur)	Paramètres fixes	Contrainte résiduelle
O	$R_{sup} = 0.6 \times 10^{-1}$ g/h.cm^2	$D(O_2) = D(N_2) = 5$ L/h	Gradient
P	$R_{sup} = 1.2 \times 10^{-1}$ g/h.cm^2	$T(O_2) = T(N_2) = 250$ °C	Gradient
Q	$R_{sup} = 2.4 \times 10^{-1}$ g/h.cm^2	$T_{sub} = 630$ °C	Gradient

Tableau 3-9 Conditions de dépôts de film ZrO$_2$ avec variation du débit de précurseur.

Les échantillons de groupe C sont déposés avec différents débits de précurseur. La méthode des $\sin^2\psi$ (13 ψ angles variant de -63 ° à 63 °) a été appliquée afin d'analyser le niveau des contraintes dans les deux sens des échantillons de type O ($R_{sup} = 0.6 \times 10^{-1}$ g/h.cm^2) (Figure 3-17). Les profondeurs des informations associées τ_i à différents angles varient de 2 µm (pour $\psi = 0$ °) à 0,9 µm (pour $\psi = 63$ °) pour cet échantillon. Les déformations élastiques en fonction des $\sin^2\psi$ ne sont pas du tout linéaires, et une courbure a clairement été observée indiquant l'existence d'un gradient de contrainte dans les revêtements. Cependant, les résultats montrent une symétrie de rotation dans les 2 sens étudiés.

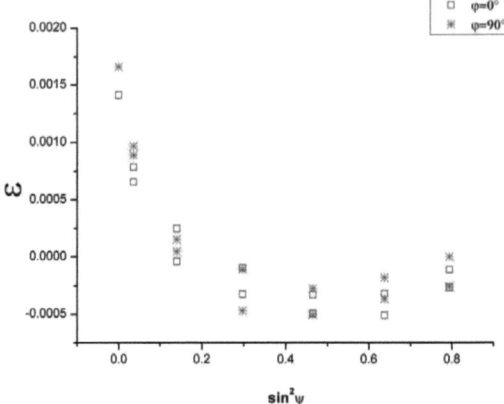

Figure 3-17 Exemple de mesures de déformation deux directions par la méthode $\sin^2\psi$

$$(\psi = \chi).$$

3.2.2 Gradient de contraintes résiduelles

Les échantillons de type O, P et Q sont choisis pour analyser le gradient de contraintes résiduelles. Les épaisseurs des trois échantillons ont été mesurées à partir des images de MEB-FEG dans la section transversale : 3 μm pour les échantillons de type O, 4,6 μm pour les échantillons de type P et 6,5 μm pour les échantillons de type Q. La Figure 3-18 montre la morphologie des films minces de ZrO₂ en surface (a) et dans la section transversale (b) pour des échantillons de type O. Ces échantillons ont une surface lisse et une bonne uniformité dans la section. Après la découpe des échantillons dans la section, une déformation des films a été observée.

En utilisant la méthode de profondeur de pénétration constante, les contraintes résiduelles ont été déterminées à différentes profondeurs. Seul le gradient de contrainte dans la région proche de la surface des films a été analysée en raison de la limitation de la pénétration des rayons X et de l'inclinaison géométrique de l'échantillon. Si la profondeur choisie est trop proche de la profondeur de pénétration maximale, l'inclinaison doit être restreinte dans un intervalle très limité, ce qui peut entraîner d'importantes erreurs de mesures (§ 2.2.2.4). A chaque profondeur choisie, une série d'angles ψ et d'angles instrumentaux ω et Φ ont été calculés et proposés (Tableau 3-10). La famille des plans $\{0\ 1\ 1\}_t$ ($2\theta = 30{,}27$ °) a été analysée avec une fenêtre de 2θ entre 25 ° à 34 °, avec un pas de balayage de 0,05 ° et un temps de comptage pour la zone d'acquisition qui varie de 300 s à 1200 s en fonction de la profondeur choisie.

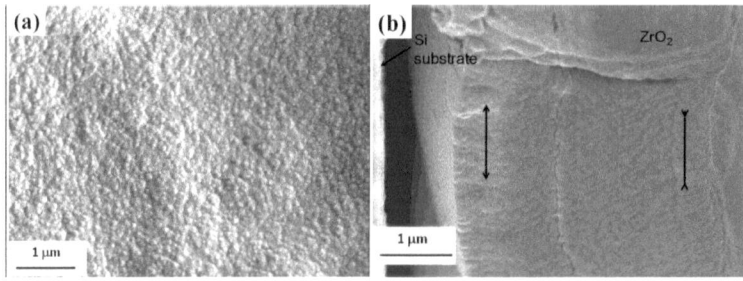

Figure 3-18 Surface (a) et section transversale (b) de films minces de ZrO₂ (type O).

Un fort gradient de contrainte résiduelle a été observé dans tous les échantillons de type O, P et Q, comme le montre dans la Figure 3-19. Les contraintes résiduelles sont en traction à l'extrême surface des films, elles diminuent avec l'augmentation de la profondeur et elles passent en compression à partir de certaines profondeurs (environ 0,6 µm). L'existence du gradient de contrainte explique l'effet de courbure observée lors d'une découpe transversale des films (Figure 3-18). Pour chaque profondeur τ_t donnée, la contrainte déterminée doit être considérée comme la moyenne pondérée exponentiellement de la surface (t=0) à la profondeur étudiée (t = τ_t).

τ [μm]	χ [°]	ψ [°]	ω [°]	φ [°]
0.2	0	14.39	0.75	180
	63	63.91	1.71	75.00
0.4	0	13.59	1.54	180
	63	63.82	3.68	77.19
0.6	0	12.74	2.40	180
	63	63.72	6.12	79.91
0.8	0	11.76	3.37	180
	63	63.61	9.84	84.06
1	0	10.54	4.59	180
	58	58.60	12.89	87.35

Tableau 3-10 Exemples des paramètres d'acquisition proposés pour analyser le gradient des contraintes pour les échantillons de type P.

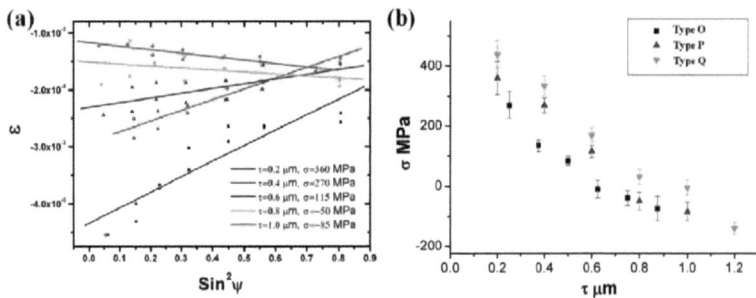

Figure 3-19 Résultats de l'analyse des contraintes résiduelles par la méthode de la profondeur de pénétration constante (a : mesurées (points) et fit (ligne) des données brutes de diffraction en fonction de sin²ψ (ψ ≠ χ) à profondeurs de pénétration différentes (échantillon P), b : distribution des contraintes résiduelles en fonction de la profondeur de pénétration pour l'échantillon O (carrés noirs), l'échantillon P (triangles bleus) et l'échantillon Q (triangles verts))

3.2.3 Contraintes de croissance et contraintes thermiques

Comme mentionné dans l'introduction de ce chapitre, les films élaborés sont quasi-isotropes avec seulement la phase tétragonale, et deux origines de contraintes peuvent être envisagées : σ_g, contrainte induite par la croissance du film pendant le processus de dépôt et σ_t, contrainte thermique induite par la différence de coefficients de dilatation thermique entre le substrat de Si et le film de ZrO₂ pendant le refroidissement, juste après le dépôt réalisé à une température relativement importante (variant de 650 °C à 900 °C). La contrainte résiduelle déterminée par la méthode de profondeur de pénétration constante peut être un mélange de contrainte thermique et de contrainte de croissance.

Comme les échantillons sont quasi-isotropes, la contrainte thermique σ_t dans les films a été considérée comme homogène dans le plan parallèle à la surface et estimée par l'équation suivante proposée par JK Tien et JM Davidson [14] [§ 1.2.2].

$$\sigma_t = -\int_{T_i}^{T_f} \frac{\dfrac{E_{ox}}{1-\upsilon_{ox}}[a_{ox}-a_s]}{1+\dfrac{t_{ox}}{t_s}\dfrac{E_{ox}}{E_s}\dfrac{1-\upsilon_s}{1-\upsilon_{ox}}}dT$$

Où :

E_{ox} (220GPa) [5] et E_s (172GPa) [125] sont le module d'Young de l'oxyde (ZrO₂) et du substrat (Si) respectivement.

υ_{ox}(0,3) [123] et υ_s sont respectivement le coefficient de Poisson de l'oxyde (ZrO₂) et du substrat (Si).

t_{ox}, t_s sont respectivement l'épaisseur des films et du substrat.

α_{ox} (12×10^{-6} mK⁻¹m⁻¹) [11] et α_s($2,6\times10^{-6}$ mK⁻¹m⁻¹) [126] sont respectivement le coefficient de dilatation thermique des films et du substrat.

L'effet de SiO₂ entre les films et le substrat a été négligé en raison de la très faible épaisseur de SiO₂ (environ 3 nm) [47].

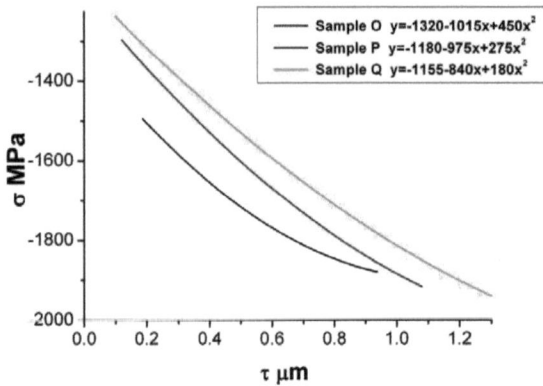

Figure 3-20 Distribution des contraintes de croissance en fonction de la profondeur.

Les contraintes thermiques σ_t pour les échantillons ont été estim ées à environ +1790 MPa pour les échantillons de type O, +1780 MPa pour les échantillons de type P et +1770 MPa pour les échantillons de type Q. Les contraintes thermiques dans les trois types d'échantillons sont assez semblables en raison de la faible épaisseur des films par rapport à l'épaisseur du substrat.

En d éduisant la contrainte thermique, la contrainte de croissance pour tous les 3 types d'échantillons est en compression (Figure 3-20). A chaque profondeur donnée, le niveau de contrainte de croissance des échantillons de type O est plus important que celui des échantillons de type Q et P. Les différents états de contraintes de croissance dans ces trois types d'échantillons ont été probablement causés par la différence de d ébit de pr écurseur utilis é qui détermine la vitesse de dép ôt dans cette étude.

3.2.4 Discussion sur le mécanisme d'évolution de contrainte

Certains chercheurs ont d éterminé in-situ le niveau des contraintes au cours du processus de CVD [127], et bien que leur matériau soit différent du nôtre, un ph énomène similaire a été observé dans ces études : la tendance de lib ération des contraintes de compression dans la zone proche de la surface des films. La contrainte de croissance en compression est en relation directe avec le mécanisme de croissance par CVD. Le précurseur se décompose à la surface du substrat chauffé, puis les espèces diffusées le long de la surface du substrat formant un centre de cristallisation pour la croissance du film [32]. Dans notre cas, nous avons considéré que la croissance des films de ZrO₂ déposés par MOCVD suive le mécanisme de Volmer-Weber [128,129,130,131] (croissance en îlots), ce qui pourrait expliquer la morphologie de surface de nos échantillons. En effet on peut observer que la surface est composée de nombreux petits îlots (Figure 3-18a). Le modèle de croissance de « Frank-van der Merwe » [131] (croissance film par film, généralement avec une surface lisse à l'échelle atomique) et celui de « Stranski-Krastanov » [131] (croissance films + îlots) s'applique généralement dans les films épitaxies ou très texturés. Du fait que le film déposé est polycristallin et relativement isotrope (sans texture prononcé), c'est surtout le modèle de Volmer-Weber qui pourrait être appliqué. Des rapports récents proposent également le mécanisme de Volmer-Weber pour les films déposés par MOCVD de ZrO₂ [128,129 ,130].

Jusqu'à présent, les contraintes intrinsèques lors de la croissance du film sont moins bien connues et peuvent être générées par divers mécanismes. Dans le cas de la croissance du type « Volmer-Weber », la première étape de précoalescence présente souvent des contraintes de compression ; un changement du signe de contrainte (passant de compression à la traction) est souvent observé lorsque des îlots commencent à grandir ensemble pour former un film continu. Il arrive que la contrainte de croissance reste en compression jusqu'au stade de postcoalescence pendant que les films continuent à s'épaissir [132,133,134]. L'impact des îlots ou de l'effet de coalescence sur l'apparition de contrainte de traction est relativement bien compris [134,135,136,137]. Cependant, l'origine des contrainte de compression est encore mal connue, même si plusieurs modèles ont été proposés, par exemple : la contrainte par capillarité [138,139,140,141], les effets de la population d'adsorption moléculaire

[142,143,144], les effets de diffusion atomique le long des joints de cristallites [117, 145] et les effets d'énergies interfaciales [146]. Comme nos résultats de contrainte résiduelle ne nous permettent pas de disposer directement des informations fondamentales sur l'origine de contrainte intrinsèque, le mécanisme proposé s'est basé sur une analyse approfondie des modèles existants. Selon cette analyse, le modèle de Chason [117] a été choisi et considéré comme le mieux adapté dans notre cas d'étude pour expliquer l'apparition de contrainte de compression intrinsèque ainsi que l'existence d'un gradient de contrainte dans les films de ZrO₂ déposé par MOCVD.

La coalescence des cristallites, dans notre cas d'étude, est considérée comme ayant des effets complexes sur les contraintes de croissance. En règle générale, la coalescence des cristallites est responsable de l'apparition de contrainte de traction. Cependant l'effet de coalescence dépend fortement de la façon dont la coalescence des cristallites se passe. Deux types de coalescence sont possibles :

- Cas des plans atomiques finis différents [147] : les deux cristallites sont d'origines et de natures différentes (Figure 3-21a) et la coalescence de deux cristallites se fait automatiquement. La formation de joints de cristallites va générer des contraintes de traction selon la littérature [134,135,136,137].

- cas des plans atomiques finis identiques, les deux cristallites sont de mêmes origines et de mêmes natures, comme le montre dans la Figure 3-21b, la formation des joints de cristallites se passe par excès de quelques atomes, de cette façon, une partie des contraintes est relaxée et il y a moins de contraintes de traction ou même l'apparition de contrainte de compression est possible.

Un autre phénomène qui pourrait être responsable de l'apparition de contrainte de croissance en compression et de l'existence du gradient de contrainte est le non-équilibre de la surface des films minces au cours du dépôt [117,145]. Les espèces libres déposées sur la surface doivent être isolées et dans un état de grande mobilité

Elles peuvent diffuser facilement sur la surface ou aux joints de cristallites en raison de leur grand état de mobilité. Au cours du processus de dépôt, le potentiel chimique des espèces est supérieur de celui de l'état solide, et l'augmentation du potentiel chimique à la surface entraîne un flux d'atomes dans les joints des cristallites. L'excès d'atomes supplémentaires dans les joints de cristallites crée une contrainte de compression dans le film déposé. En revanche, les atomes en excès accroît le potentiel aux frontières des cristallites jusqu'à éventuellement atteindre à un état d'équilibre.

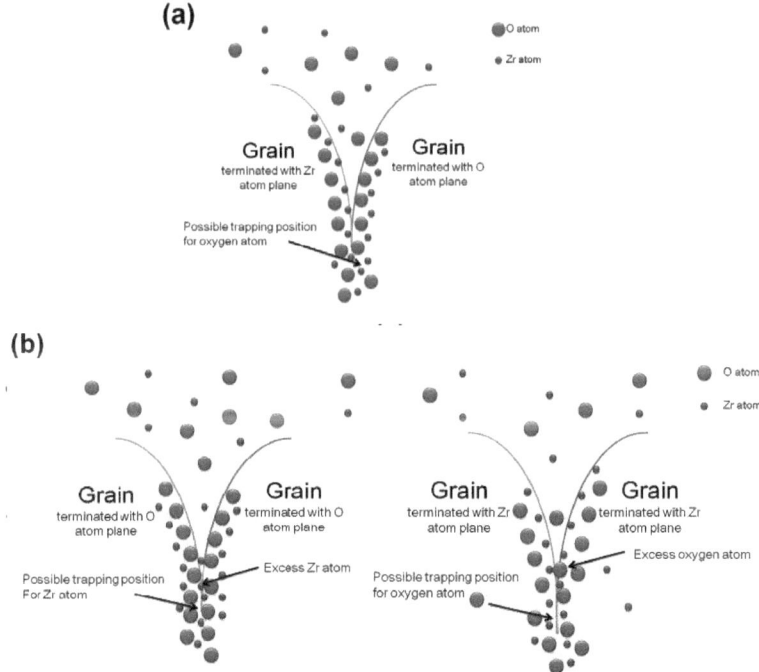

Figure 3-21 Schéma du modèle de coalescence des cristallites au cours de la croissance du film (a : coalescence des cristallites avec différents plans atomiques finis ; b : coalescence des cristallites avec les mêmes plans atomiques finis avec l'insertion d'atomes en excès).

Un autre facteur qui doit être pris en compte, c'est l'effet de recuit in-situ pendant le processus de CVD, car ce processus de d épôt se passe à haute température dans notre cas. Le recuit in-situ constitue un apport d'énergie supplémentaire donc une force motrice pour la croissance des cristallites. Quelques unes des espèces en excès dans les joints de cristallites ont été piégées dans les positions possibles (Figure 3-21) des joints de cristallites suite au recuit in situ. De cette manière le potentiel chimique des cristallites a été réduit, donc un plus grand nombre d'espèces en excès peuvent diffuser dans une région plus profonde. En conclusion, dans le processus de dépôt, le film nouvellement formée en surface aura moins de contrainte de compression, tandis que les films plus profonds ont un niveau plus important de contrainte de compression à cause de la diffusion atomique et des espèces piégées aux joints de cristallites.

Sur cette base de discussions, nous proposons un mécanisme nommé « diffusions et interaction avec des dislocations » pour expliquer l'apparition de contraintes de croissance de compression et l'existence d'un gradient de contrainte dans le cas du dépôt de ZrO₂ par MOCVD. Il pourrait être divisé en deux étapes : l'étape de diffusion atomique et l'étape de l'interaction avec les dislocations. La Figure 3-22 est la représentation schématique d'un film polycristallin durant la période de croissance.

- Initialement, lorsque le système est en équilibre thermodynamique, les potentiels chimiques de la surface libre et des joints de cristallites ne sont pas nécessairement égaux. Lors du dépôt, la surface libre est dans un état de non-équilibre avec un excès d'atomes d'oxygène ou de Zr « super-saturé ». Après la transformation d'un tel état non-équilibré à un état de quasi-équilibre, le potentiel chimique dû à l'excès d'espèces va finalement diminuer. Le potentiel chimique de la surface sera fonction de la concentration d'espèces et il sera plus élevé à la surface qu'aux joints de cristallites. L'insertion d'espèces supplémentaires dans les joints de cristallites conduit à la relaxation des contraintes de traction et éventuellement à un état de contrainte de compression,

- La deuxième étape est le piégeage de l'espèce diffusée aux joints de cristallites. Comme on peut le voir dans la Figure 3-23, dans un premier temps, il y a deux positions possibles pour le piégeage des atomes de Zr ; après le piégeage de deux atomes de Zr, une nouvelle position de piégeage pour les atomes de O est formée. C'est le mécanisme d'apparition d'un gradient de contrainte : si les atomes diffusés dans les cristallites ne peuvent pas être pris au piège, lorsque le processus de dépôt est terminé, la population d'espèces en surface est diminuée, et de ce fait, le potentiel chimique de la surface diminue aussi. Le potentiel chimique aux joints (ρ_{gb}) de cristallites sera alors plus important que celui en surface [117]. Lors du dépôt, le potentiel chimique est attribué à deux facteurs : la population espèces dans les joints de cristallites et le film en compression :

$$\rho_{gb} = \rho_{adatom} + \rho_{strain}$$

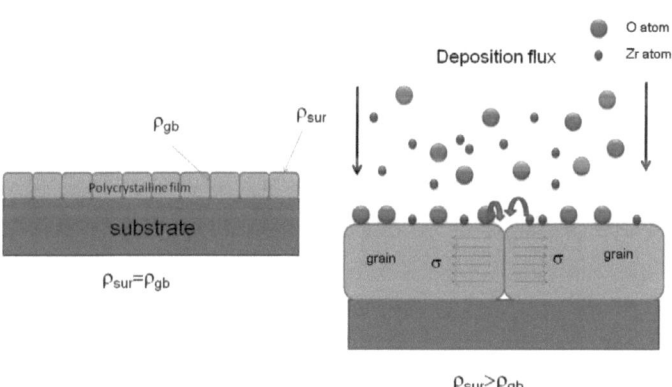

Figure 3-22 Insertion des espèces dans les joints de cristallites et potentiels chimique de surface et d'interface.

L'effet de piégeage diminue le $\rho_{adatome}$, comme il fait baisser le nombre d'espèces libres aux joints de cristallite et cela fait augmenter le potentiel chimique de contrainte de compression ρ_{strain}. Si le $\Delta\rho_{adatom}$ est plus grand que $\Delta\rho_{strain}$, les es p èces en excès en surface vont diffuser dans les joints de cristallites. Le processus de d ép ô continu en même temps, moins d'esp èces ont ét é pries au piège dans le nouveau film form é que dans les films plus profonds, r ésultant un gradient de compression dans le film d éposé

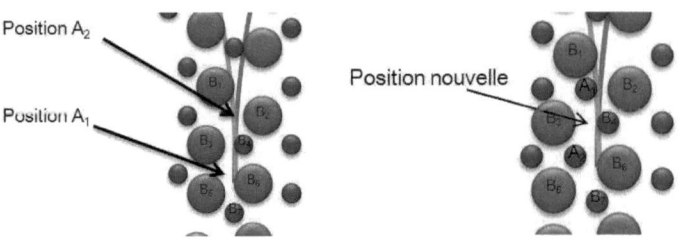

Figure 3-23 Représentation schématique de l'effet piégeage lors de la diffusion des espèces dans les joints de cristallites.

Dans cette étude, les contraintes de croissance en compression ont ét é b én éfiques pour les films de ZrO₂. En effet, elles neutralisent les contraintes thermiques en traction. En outre, les films textur és sont d éposé quand les temp ératures de dép ô sont plus élevées (l'échantillon D et l'échantillon E). Une contrainte forte de croissance en compression pourrait être la raison pour laquelle une texture est souvent observ ée dans les films minces de ZrO₂ d épos ée par MOCVD, ceci sera discuté dans la suite du manuscrit.

3.3 Modèle d'évolution de texture

Dans le chapitre 3,1, deux types de textures cristallographiques ont ét é obser v ées dans la phase t étragonale : la texture de fibre de type $\{1\ 1\ 0\}_t$ des échantillons de type E et l'orientation préférentielle de croissance $\{0\ 1\ 1\}_t$ pour des échantillons de type F. Bien que les figures de pôles des échantillons de type F ne soient pas disponibles, nous avons observ é une orientation préf érentielle de croissance $\{0\ 1\ 1\}_t$ grâce aux diagrammes de DRX. Dans ce paragraphe, deux mécanismes de développement de la texture cristallographique ont été proposés pour décrire l'apparition des deux différentes textures observées. La texture de fibre $\{1\ 1\ 0\}_t$ est considérée comme le résultat couplé de l'effet superplastique de nano-cristallites de ZrO₂ avec la contrainte de croissance de compression ; tandis que le deuxième type de texture (une surface en facette) est considérée comme le résultat de la concurrence entre une croissance dans différents plans cristallographiques avec des vitesses de croissance différentes, ce processus de croissance est proposé par Van de Drift [148].

3.3.1 Mécanisme de l'évolution de la texture par l'effet de contrainte

Par rapport aux métaux, les céramiques sont fragiles et leur ténacité est du même ordre de grandeur que celle du verre. On imagine la difficulté avec laquelle les dislocations se sont créés et se déplacent dans le réseau cristallin de ces matériaux. Les dislocations sont des défauts cristallins linéaires et permettent de véhiculer la déformation plastique permanente dans la plupart des matériaux cristallins. Quand une dislocation se déplace à travers un cristal, elle cisaille le cristal le long de son plan de mouvement (glissement) par un vecteur de déplacement bien défini, comme une vague dans le tapis permettant de se déplacer à travers une planche. La ductilité des métaux peut être directement attribuée à la facilité de mouvements de ces dislocations. En revanche, la nature ionique et covalente de la liaison dans les oxydes céramiques rend normalement ce processus difficile et les dislocations générées sont essentiellement immobiles jusqu'à une température élevée de l'ordre de 1000 °C. En raison du manque de plasticité, la texture des matériaux céramiques en général ne devrait pas être générée par une déformation plastique due aux contraintes mécaniques. Toutefois, dans cette recherche, basée sur l'étude théorique et l'observation expérimentale, nous avons proposé un mécanisme d'évolution de la texture par l'effet des contraintes en tenant compte de la particularité de nos échantillons.

Observation expérimentale.

Dans le chapitre 3.2, nous avons observé un phénomène très intéressant (Figure 3-24): avec l'augmentation de la température de dépôt, la contrainte de croissance et le gradient de contrainte augmente (les échantillons de type B, N et C, Figure 3-16 et Tableau 3-8). Bien que nous n'ayons pas pu obtenir la valeur exacte de contrainte résiduelle des échantillons de type C et N, à partir de la déformation des films après découpe, nous pouvons estimer que le niveau de contrainte est plus important que celui des échantillons de type B. Cependant, quand la température continue à augmenter, l'énergie due aux contraintes s'emmagasine quelque part dans le film. Par rapport aux conditions de dépôt des échantillons de type C, les échantillons de type E devraient avoir un niveau plus important de contrainte de compression selon le mécanisme présenté dans le chapitre 3.2. Toutefois, les échantillons de type D et type E sont moins stressé que l'échantillon C (type C et N sont fissurés). A partir de micrographie des échantillons de type E, on peut observer que la surface est constituée de petits ilots ; la structure colonnaire est constituée de petites sous-structures dans la région proche de la surface selon l'observation en section (Figure 3-13). Dans la zone loin de la surface et proche de l'interface film/substrat, la sous-structure n'est pas très visible en raison de l'effet du recuit in-situ. Dans le chapitre 3.1, nous avons proposé que les échantillons de type E sont déposés par le « mécanisme colloïde », car la vitesse de nucléation est plus grande que la vitesse de cristallisation ce qui permet une distribution aléatoire de l'orientation des cristallites. Mais en réalité, les échantillons de type E présentent une forte texture cristallographique de type $\{1\ 1\ 0\}_t$. De ce fait, nous avons proposé que la texture de fibre $\{1\ 1\ 0\}_t$ soit générée par une déformation causée par la contrainte de croissance en compression et par la recristallisation à haute température. Le plus controversé est le manque de plasticité pour le matériau céramique. La raison de l'apparition de la texture due à la contrainte est une forte sensibilité à la vitesse de déformation. Généralement les matériaux céramiques se fissurent avant la déformation plastique due à une petite vitesse de déformation.

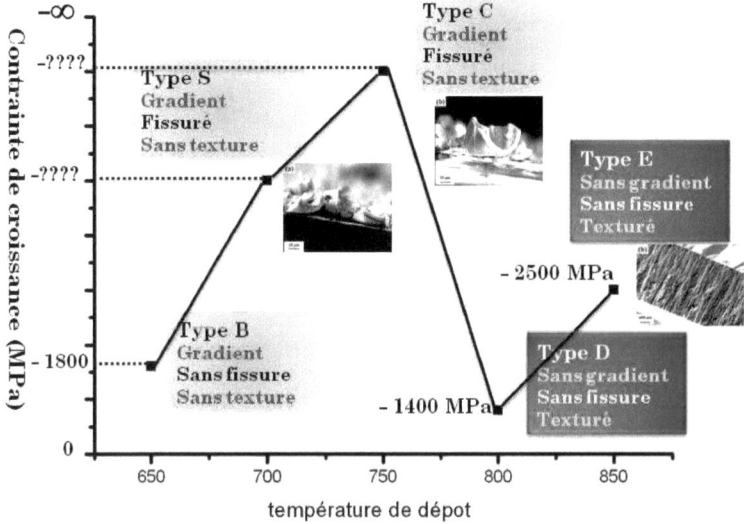

Figure 3-24 La relation entre la contrainte de croissance et la texture fibre {1 1 0}ₜ

Bases théoriques

En 1986, Wakai et ses collègues [149] ont montré l'existence d'un comportement superplastique à haute température de ZrO₂ tétragonale stabilisée par yttrium, avec une taille moyenne de cristallites de l'ordre de 100 nm. Selon l'équation de fluage classique :

$$\dot{\varepsilon} = A\frac{Gb}{kT}\left(\frac{b}{d}\right)^{p}\left(\frac{\sigma}{G}\right)^{n}D \qquad\qquad 3\text{-}1$$

Où $\dot{\varepsilon}$ est la vitesse de déformation, A est une constante, G est le module élastique de cisaillement, b est le vecteur de Burgers et k est la constante de Boltzmann, σ est la contrainte appliquée, D se comporte comme un coefficient de diffusion atomique et est lié à une énergie d'activation apparente par Q, sous forme d'une loi Arrhenius :

$$D = D_0\exp\left(\frac{-Q}{kT}\right) \qquad\qquad 3\text{-}2$$

Les paramètres p h énoménologiques p et n d écrient les r éponses aux changements en terme de taille des cristallites et de contrainte ; ils sont commu n ément appel és "l'exposant de la taille des cristallites" (p) et "l'exposant de contrainte" (n).

Selon cette formule 3-1, un taux important de d éformation peut être atteint par les étapes suivantes :

(a) L'augmentation de la diffusivité atomique aux joints de cristallites, qui généralement peuvent être atteint par l'instauration de passage en phase visqueuse ou en phase liquide [150,151,152,153]. Chen *et al.* ont utilis é une approche en phase transitoire pour expliquer une excellente superplasticité de SiN_3 en raison des glissements aux joints de cristallites en phase liquide transitoire [150,154].

(b) La r éduction de la taille des cristallites. La condition essentielle pour une superplasticité est une très faible taille de cristallites. Kim *et al.* [155] ont rapporté une superplasticité sous une grande vitesse de d éformation dans un mat ériau composite nano-cristallin composé de ZrO_2, d'alumine et de spinelle avec un grand allongement à la traction (jusqu'à 1050%) avec une vitesse de déformation de 0,4 s^{-1}.

Compte tenu de la taille des cristallites de nos échantillons, 10 nm pour les échantillons de type B et 26 nm pour les échantillons de type E (mesur és par diffraction au rayon X), qui ont ét é r éalis és avec une temp érature de dép ôt variant de 650 à 850 °C, ces échantillons doivent avoir une tr ès bonne plasticité. Pour confirmer notre proposition, le m écanisme de superplasticité a ét é étudié et la situation de nos échantillons a ét é comparée avec les donn és publi ées.

La grande sensibilit é à la vitesse de d éformation peut être obtenue dans des mat ériaux polycristallins lorsqu'un écoulement plastique est contrôé par des m écanismes de diffusion atomique et r éalis é par un glissement intergranulaire. Bien que les m écanismes sous-jacents font encore l'objet de d ébats [156,157], dans notre cas d'étude, le mécanisme proposé pour l'évolution de la texture est basé sur le mécanisme de glissement intergranulaire. Un autre mécanisme qui associe l'activité des dislocations à cette quantit é de déformation, comme dans le cas d'un métal, est signalé par K. Morita *et al.* [155,158]. Toutefois, ce mécanisme basé sur l'activité des dislocations est controversé et il est contesté par J.J. Melendez-Martinez [159,160].Ce mécanisme est considéré comme ayant moins d'effet dans notre cas d'étude, parce que l'activité des dislocations est faible dans un matériau céramique.

La superplasticité des ZrO_2 polycristallines stabilisées par des cristallites fines d'Y_2O_3 (Y-SZP) a été le sujet de nombreuses recherches depuis 1986 [161,162,163,164,165,166,167]. La taille des cristallites dans ces études varient de 68 nm à 500 nm. Wakai *et al.* [168,169] ont également démontré la superplasticité de ZrO_2 pure sous une vitesse de déformation de 10^{-3} s^{-1} avec la taille des cristallites (68-85 nm) dans la phase monoclinique. Par rapport à leur résultat, nos échantillons qui ont une taille de cristallites comprise entre 8 et 26 nm, devraient avoir au moins 100 fois plus de sensibilité à la vitesse de déformation que les leurs. A part la taille des cristallites, la condition spécifique de dépôt de nos échantillons pourrait améliorer l'effet de diffusion, ce qui permettrait d'améliorer la sensibilité à la vitesse de déformation. Comme nous l'avons vu au chapitre 3.2, l'état de surface surper-saturé proposé par Chason [117] conduit aux espèces libres en surface qui diffusent le long des joints de cristallites. A partir de ces analyses, l'évolution de la texture de déformation causée par le glissement de joints de cristallites peut être expliquée.

La texture $\{1\ 1\ 0\}_t$ est le résultat du processus de fluage à haute température sous contrainte de compression : glissement et rotation des joints de cristallites sous charge par processus de diffusion. En fait, l'évolution de la texture induite par la contrainte interne est souvent observée dans les matériaux céramiques. Xu et ses collègues [153] ont constaté que les cristallites de Si_3N_4 ont tendance à aligner leur direction dans le sens perpendiculaire à l'axe des contraintes de compression, résultant le développement d'une texture de déformation plastique. Wang *et al.* [170] et O.Flacher *et al.* [171] ont étudié la texture dans les matériaux composites alumine-zircone déformés. Ils suggèrent que le mécanisme prédominant pour la déformation et le développement d'une texture est le glissement intergranulaire et la rotation des cristallites, accompagné d'une croissance de cristallites anisotrope. En même temps, le mouvement des dislocations intragranulaires joue un rôle important dans la formation de la texture. En effet G. Subhash et S. Nemat-Nasser [172] ont observé une transformation dynamique et une formation de la texture induite par la contrainte de compression uniaxiale dans des ZrO$_2$ tétragonales stabilisées par Mg et Y. L'augmentation de l'intensité des pics de diffraction de la famille des plans {1 1 0}$_t$ a été observée sous une déformation de compression. Nous avons des résultats semblables.

La forme de cristallite de ZrO$_2$ tétragonale

Le glissement intergranulaire dans les ZrO$_2$ se produit aux joints de cristallites et le long des facettes cristallines qui représentent la surface extérieure des cristallites. La construction de Wuff de ZrO$_2$ tétragonale est présentée dans la Figure 3-. Cette construction est basée sur le calcul de l'énergie de surface réalisée par Christensen et Carter [173]. Selon cette étude, les plans {1 1 1}$_t$ de ZrO$_2$ tétragonale ont la plus faible énergie de surface, suivies par les plans {0 0 1}$_t$, tandis que les plans {1 0 0}$_t$ ont une énergie de surface bien plus importante que pour les plans {1 1 1}$_t$ et {0 0 1}$_t$. Shen *et al.* [174] et Charaska *et al.* [26] qui ont étudié la transformation de phase t↔m, ont observé par MET que les grosses particules de t-ZrO$_2$ montrent des facettes {1 1 1}$_t$. Morterra *et al.* [175], utilisant la spectroscopie infrarouge à transformée de Fourier et la MET à haute résolution, ont constaté que les plans {1 1 1}$_t$ constituent la terminaison les plus abondantes dans les poudres t-ZrO$_2$. A partir de ces résultats, on imagine que la croissance de ZrO$_2$ tétragonale commence par une forme rectangulaire, comme indiquée dans le Figure 3-a, ensuite les plans {1 1 1}$_t$ commencent à apparaître (Figure 3-b). Quand la vitesse de croissance des plans {1 1 1}$_t$ est plus grande que celle des plans {1 0 0}$_t$, les plans {1 0 0}$_t$ vont disparaître très rapidement, et la forme finale des cristallites sera hexagonale comme schématisé par la Figure 3-(c).

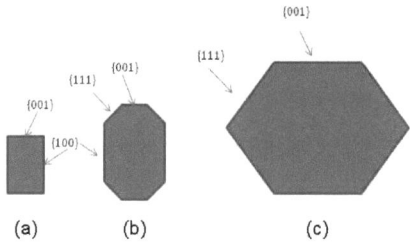

Figure 3-25 Construction de Wuff en 2D.

La Figure 3- schématise le mécanisme de croissance préférentielle des cristallites et le développement préférentiel de la texture. Une image à deux dimensions de cristallites de ZrO₂ tétragonale est proposée : quatre cristallites s'accommodent sous une contrainte de compression ; les cristallites B et C glissent par un mouvement de cisaillement pur. Compte tenu de la constante élastique de ZrO₂ tétragonale, comme on peut le voir dans le Tableau 3-11, la composante C_{66} est beaucoup plus importante que la composante C_{44}. De plus, C_{66} est directement la constante des plans $\{0\ 0\ 1\}_t$, ces plans $\{0\ 0\ 1\}_t$ auront donc un niveau important de contrainte de cisaillement, ce qui provoquera la rotation des cristallites. Quand les plans $\{0\ 0\ 1\}_t$ tournent et s'orientent de façon à être perpendiculaire à la direction de contrainte de compression, les cristallites ont un niveau moins important de cisaillement, comme on peut le voir sur la Figure 3- (cristallite B et cristallite C). Il faut noter que les espèces diffusant aux joints de cristallites jouent un rôle important dans ce processus car ils améliorent le processus de diffusion aux joints de cristallites. Selon la formule de fluage 3-1, l'augmentation de la diffusion peut faire augmenter considérablement la vitesse de déformation. L'effet du fluage à haute température fait libérer alors de l'énergie de déformation de compression, et la texture est générée sous l'effet de déformation par glissement aux joins de cristallites et par l'effet du fluage.

L'évolution de la texture peut relâcher la contrainte de compression d'une autre manière : l'augmentation de la coalescence des cristallites, comme le montre dans la Figure 3-. Les cristallites B et C tournent vers la même direction ; les deux plans {0 0 1} peuvent avec une coalescence beaucoup plus facilement, par rapport aux cristallites avec une orientation cristalline différente. D'autres chercheurs [26] ont constaté que des nanoparticules de la phase tétragonale ne présentant pas de contrainte sont capables de tourner afin de trouver le minimum d'énergie intergranulaire. Des observations in situ de cette rotation phénomène pendant le recuit de t-ZrO$_2$ ont été rapportées par Rankin *et al.* [176].

	C$_{11}$	C$_{12}$	C$_{13}$	C$_{33}$	C$_{44}$	C$_{66}$
Ref 177	293	248	111	385	51	187
Ref 178	382	221	72	346	42	167

Tableau 3-11 Constantes élastiques de ZrO$_2$ tétragonale (GPa)

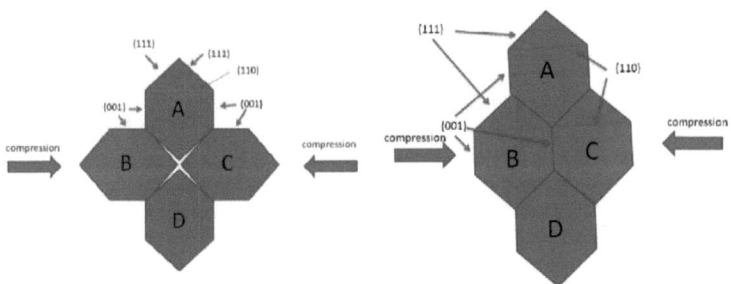

Figure 3-26 Schéma de développement de la texture {1 1 0}$_t$.

3.3.2 Mécanisme d'évolution de la texture par le mécanisme « vitesse de croissance »

Contrairement aux échantillons de type E, les échantillons de type F semblent être déposés d'une manière totalement différente, comme on peut le voir sur l'image de la surface Figure 3-8c. Les échantillons de type F ont une structure typique en facette. Selon l'analyse DRX, les échantillons de type F ont une orientation préférentielle de croissance différente de celle des échantillons de type E. Ces résultats indiquent un mécanisme différent de l'évolution de la texture.

Les facettes correspondent généralement aux plans de faibles indices cristallographiques. C'est la croissance à l'interface limitée [179] et ils sont communs dans le cas d'un dépôt chimique en phase vapeur du diamant. Ce mécanisme de croissance a été proposé par Van der Drift (le modèle de Van der Drift) [148]. Dans un article récent de synthèse de Thompson [179], le modèle de Van der Drift a été discuté en détail. D'après ce modèle, chaque cristallite grossi avec chaque facette cristallographiquement équivalente se déplaçant avec une vitesse normale connue jusqu'à ce qu'une facette rencontre la surface d'une autre cristallite. Lorsque les surfaces de différentes cristallites se rencontrent, un joint de cristallite se forme. La texture se développe parce que les points de jonctions des arêtes des cristallites en facette croissent plus vite que les faces et les arêtes. Si l'on considère un substrat sur lequel est placé infiniment de petites cristallites avec des orientations aléatoires, les cristallites dont leur sommet est parallèle à la normale du substrat (perpendiculaire au substrat) auront la vitesse de croissance la plus forte. Étant donné que ces cristallites croissent plus rapidement, par conséquent, gagner la compétition de croissance. Au fur et à mesure de la croissance, le front de croissance est de plus en plus composé de cristallites avec ces orientations de plus en plus marquées, une anisotropie macroscopique est née. Le schéma est représenté sur la Figure 3-.

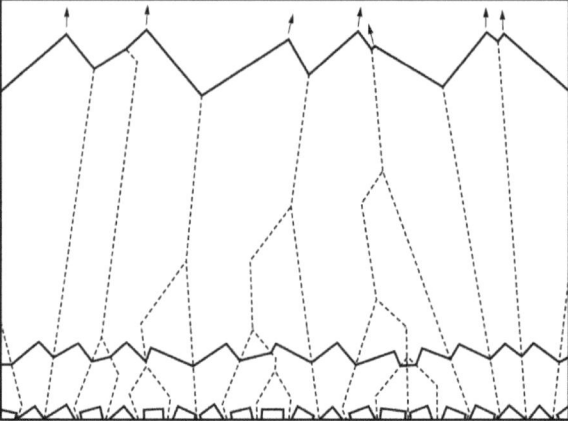

Figure 3-27 Construction de cristallites selon Van der Drift, illustrant l'évolution de l'épaisseur, de la taille et l'orientation des cristallites résultant d'une vitesse de croissance anisotrope au cours de la croissance de films [179].

Toutefois, jusqu'à présent, la plupart des travaux de recherche sont axés sur le système cristallin cubique. La symétrie du système cubique aboutit généralement à une texture de fibre. De nombreuses recherches ont signalé une texture de fibre dans des films de diamant obtenus par CVD. Plusieurs modélisations numériques ont été effectuées pour simuler la croissance des cristaux en facette basée sur les modèles modifiés de Van der Drift (Wild *et al* [180,181] ; Dammers et Radelaar [182] ; Paritosh *et al.* [183] ; Smereka *et al.* [120]). Leurs résultats numériques sont en accord avec les résultats expérimentaux. Dans le système tétragonal, la texture de croissance n'est pas toujours une texture de fibre, parce que les paramètres de maille sont différents selon les axes, et les propriétés selon les orientations $\{1\ 0\ 0\}_t$, $\{0\ 1\ 0\}_t$ et $\{0\ 0\ 1\}_t$ sont aussi différentes. Par exemple, l'énergie de surface des plans $\{0\ 0\ 1\}_t$ de ZrO₂ tétragonale est plus importante que celle dans les plans $\{1\ 0\ 0\}_t$. Ces anisotropies entraîneront une texture de croissance plus complexe.

Un autre facteur qui devrait être noté est la taille critique des cristallites de la phase métastable tétragonale de ZrO₂. Elle peut être stabilisée par la diminution de la taille des cristallites. Au cours de la croissance de films, les cristallites augmentent jusqu'à atteindre la taille critique. En comparant les échantillons du groupe 3 (Figure 3-8), les échantillons de type K et F ont des structures en facette, suggérant que les deux types d'échantillons se sont développés avec le mécanisme de Van der Drift. Mais les deux types d'échantillons ont des formes différentes de facettes et ne sont pas constitués des mêmes phases. Les échantillons de type K montrent un mélange de phases tétragonales et monocliniques, et les échantillons de type F présentent une seule phase tétragonale (Figure 3-7). Dans notre cas d'étude, l'effet de transformation de phase sur la texture n'a pas pu être abordé car la transformation de phase apporte trop de possibilités d'évolution au point de vue structurale. Nous nous sommes concentrés sur les échantillons de type F. La Figure 3-24 montre la section transversale des échantillons de type F : le film est composé de plusieurs films de cristallites. Et nous pouvons également voir aussi une grosse cristallite avec sa forme colonnaire. La morphologie de la section des échantillons de type F est très différente de celle décrite par le schéma de construction proposé par Van der Drift (Figure 3-), qui montre la concurrence des cristallites dans la première couche, et les structures colonnaires lorsque les films continuent à s'épaissir.

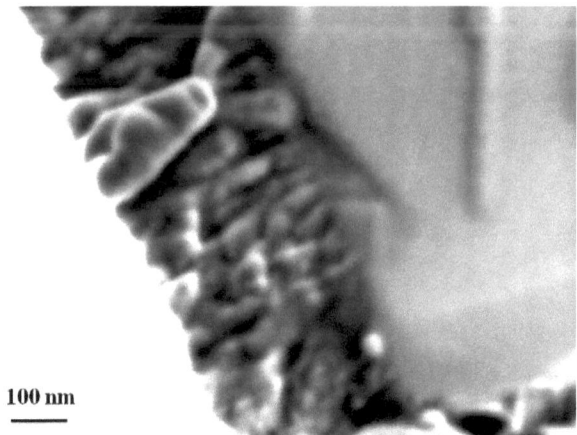

Figure 3-24 Morphologie de section des échantillons (type F).

Par cons équent, sur la base des r ésultats exp érimentaux, on propose qu'il y ait diff érentes possibilités pour la croissance du film quand la taille de cristallites atteint la taille critique pour d éclencher une transformation de phases t→m :

(a)   La transformation de phase t→m se passe alors le film continue à cr o ître en phase monoclinique (les échantillons de type K).

(b)   Les cristallites cessent de cr o ître, et la nouvelle nucl éation se produit sur la surface en facette existante (le s échantillons de type F), comme le montre la Figure 3-25.

Nous proposons qu'il y ait une énergie critique pour la transformation de phase t→m lors du d ép ôt, qui aurait des relations directes avec la temp érature de d ép ôt et le potentiel chimique de la surface de d ép ôt qui est d éterminé par la population des esp èces sur la surface. Il est bien établi qu'une relation existe entre l'orientation cristalline sur la transformation t→m. Il a ét é constaté que : $(1\ 0\ 0)_t//(1\ 0\ 0)_m$, $(0\ 0\ 1)_t//(0\ 0\ 1)_m$. En raison de cette relation d'orientation, sur la transformation martensitique t→m, nous obtenons :

$$\{111\}_t \rightarrow \{ \begin{matrix} \{-111\}_m \\ \{111\}_m \end{matrix}$$

Selon les r ésultats de Christensen et Charter [173], les facettes $(1\ 1\ 1)_m$ et $(-1\ 1\ 1)_m$ sont moins stables et sont énergétiques que les facettes $(1\ 1\ 1)_t$. C'est pourquoi la contrainte d'orientation sur la transformation martensitique force certaines surfaces de faible énergie $(1\ 1\ 1)_t$ à se transformer en surfaces d'énergie élevé $(1\ 1\ 1)_m$ et $(-1\ 1\ 1)_m$, ce qui inhibe la transformation.

Comme le montre le schéma ci-dessous (Figure 3-25), la texture est d éveloppée par une vitesse de croissance anisotrope, quelques cristallites gagnent la comp étition, et quelques cristallites ont ét é couvertes par les cristallites voisines, jusqu'à ce qu'elles atteignent la taille critique. Puis la transformation de phase t→m sera d éclenchée par une fluctuation d'énergie, par exemple par un rayonnement d'électrons [174], par une énergie de déformation [28], ou bien par une énergie de défauts (Chen *et al.* a proposé que la nucl éation de la phase M-ZrO₂ a ét é souvent stoppée par l'absence de défauts)

[184]. Si la variation d'énergie est trop faible, la transformation de phase t➔m sera stoppée. La nouvelle nucléation va se passer sur la surface en facette existante Figure 3-25. Ces nouvelles cristallites font un nouveau départ pour une autre croissance en compétition.

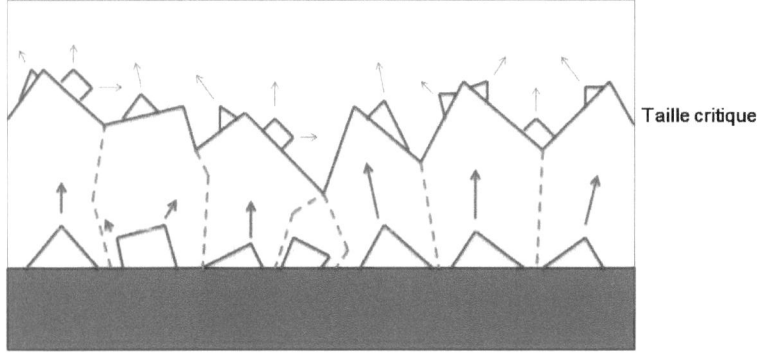

Figure 3-25 Construction de cristallites selon Van der Drift [148] illustrant l'évolution de l'épaisseur, de la taille et l'orientation des cristallites résultant de la vitesse de croissance anisotrope au de la croissance : Contrainte de taille critique.

Pour soutenir notre proposition, deux types d'échantillons ont été pris en compte , élaborés dans des conditions de dépôt similaires que celles pour les échantillons de type K et F, mais avec un temps de dépôt différent. Les résultats de GIXRD avec 2 ° d'angle d'incidence sont présentés dans la Figure 3-. Les échantillons de type K déposés pendant 20 minutes (l'échantillon K-2) présente seulement la phase tétragonale et les échantillons de type K déposés pendant 90 minutes présente un mélange de phases monoclinique et tétragonale. Mais les échantillons, élaborés dans les mêmes conditions que les échantillons de type F, pour des durées de 90 et 150 minutes respectivement, présentent la phase tétragonale. La phase des échantillons de type K dépend de la durée du dépôt, cependant, la phase des échantillons de type F n'est pas sensible à la durée de dépôt. Compte tenu de la différence des conditions de dépôt entre les échantillons de type K et F (apport de précurseur diff érent, qui influe directement sur le potentiel chimique de surface), nous consid érons que la transformation de phase t→m pendant le processus de d ép ôt a une relation directe avec le potentiel de surface. La transformation de phase t→m n'a pas eu lieu pour les échantillons de type F à cause d'un faible potentiel chimique, tandis que pour les échantillons de type K, la transformation de phase t→m a eu lieu parce que le potentiel chimique est plus important gr âce à un apport de précurseur plus important. La taille moyenne des cristallites des échantillons dc typc F apr ès 90 (F) ct 150 (F-2) minutes de dépôt reste du m ême ordre de grandeur d'après le calcul r éalis é à partir de FWHM. La seule diff érence est la variation de l'intensité des pics, ce qui indique une diff érence d'épaisseur des deux échantillons. L'image de la surface de l'échantillon F-2 (Figure 3-26 a) montre une surface de facette qui est recouverte par de nouvelles cristallites de croissance, par contre la surface des échantillons F et K est en facette nette et bien identifié (Figure 3-26). Ces r ésultats confirment notre proposition du sch éma d'évolution de la texture cristallographique (Figure 3-25).

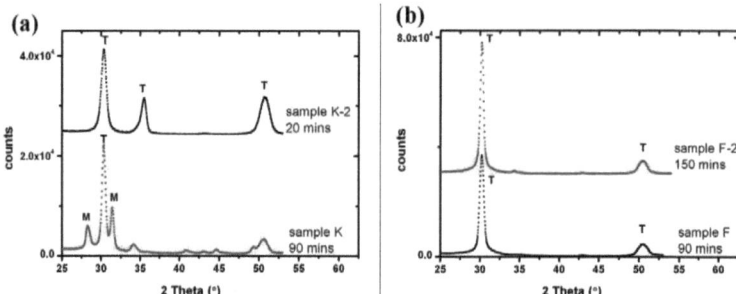

Figure 3-30 Diagrammes de DRX des différents échantillons déposés àdifférents temps : (a) type K et (b) type F.

Figure 3-26 Morphologie superficielle des échantillons élaborés : (a) l'échantillon F
90 mins ; (b) l'échantillon F-2 150 mins.

Shen *et al.* [174] ont observé que la croissance des particules libres de ZrO_2 tétragonale se termine avec les facettes $\{1\ 1\ 1\}_t$ et ces particules ont tendance à s'attacher entre les plans $\{1\ 1\ 1\}_t$ pour former des cristaux maclés. Dans notre cas, on propose que les nouvelles cristallites se forment par jonction des facettes $\{1\ 1\ 1\}_t$ sous forme de cristaux maclés.

Basé sur cette proposition, contrairement au système cubique qui développe souvent une texture de fibre, le système tétragonale possède moins de symétries et a une vitesse de croissance différente pour les différentes facettes. En outre, la concurrence de la croissance des cristallites s'arrête à la taille critique, et la concurrence des nouvelles cristallites commence, l'évolution de la texture de ZrO_2 tétragonale est relativement compliquée. Les figures de pôles des échantillons de type F a été mesurée par DRX, comme le montre la Figure 3-27.

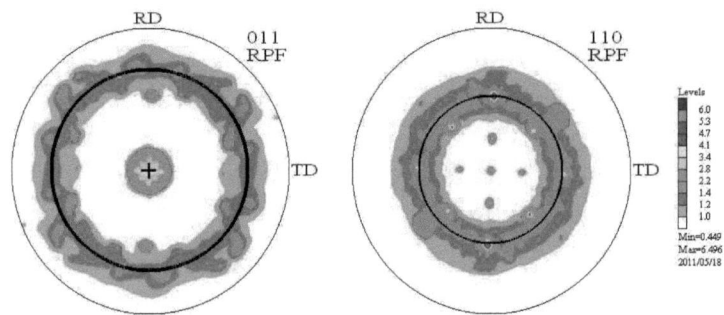

Figure 3-27 Figures de pôles et de la phase t étragonale de ZrO₂ des échantillons de

type F.

Plusieurs pôles de textures ont été trouvés dans cette série d'échantillons. Le pôle principal est l'orientation de fibre $\{0\ 1\ 1\}_t$, mais on trouve en plus les orientations $\{1\ 1\ 0\}$<3 1 1> et $\{1\ 0\ 0\}$<0 0 1>. Ces différents pôles pourraient être considérés comme le résultat de la compétition de la croissance entre les cristallites de différentes orientations.

En fait, dans le cas de l'évolution de la texture lors de la croissance des ZrO₂ en facette, la situation est beaucoup plus compliquée que des films de diamant ou des films métalliques. En plus des deux facteurs que nous avons mentionné ci-dessus (la dissymétrie d'une maille tétragonale et la taille critique des cristallites), un autre facteur important est que la zircone (ZrO₂) est un composé ionique à deux él éments chimiques. Le rapport relatif d'O et de Zr aurait une grande influence sur l'évolution de la texture. Dans notre étude, nous avons observé l'influence du débit d'oxygène sur les échantillons de type I déposés avec un débit de l'oxygène très faible (5%). Une texture tout à fait différente a été observée, (texture de fibre $\{0\ 3\ 1\}_t$ et $\{2\ 2\ 3\}_t$) (Figure 3-28). Ce changement de texture de fibre est peut être due à l'insuffisance d'oxygène qui peut empêcher la croissance dans les plans $\{1\ 1\ 1\}_t$, qui a la vitesse de croissance la plus rapide.

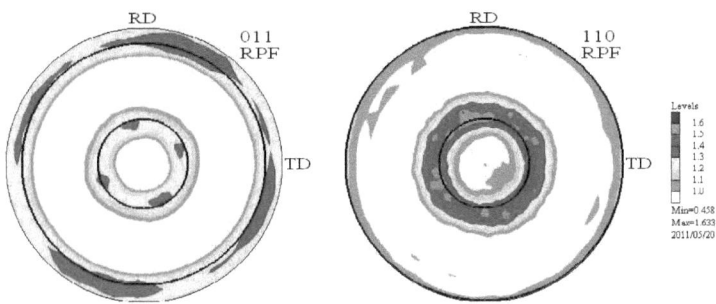

Figure 3-28 Figures de pôles de la phase tétragonale de ZrO₂ des échantillons de Type I.

La pression du dépôt a une forte influence sur l'évolution de la texture et nous avons observé un changement notable de la texture lors d'une diminution de pression de dépôt à 100 Pa, comme on peut le voir sur la Figure 3-34. Toutefois, nous n'avons pas suffisamment de temps et de données expérimentales pour étudier l'influence de la pression. Mais ce serait très intéressant d'approfondir à la venir afin de mieux comprendre le mécanisme de croissance des films de ZrO₂.

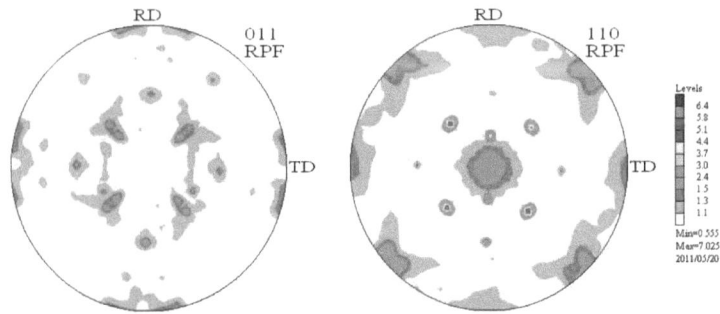

Figure 3-29 Figures de pôles de la phase tétragonale de ZrO₂ des échantillons élaborés

à basse pression (100 Pa)

118

3.4 Conclusion

Trois m écanismes de croissance de films de ZrO₂ ont ét é proposés après avoir étudié en détail la microstructure et l'évolution de la texture cristallographique en relation avec les conditions de dépôt.

Le « mécanisme goutte-liquide » : le pr écurseur atteint la surface de d épôt sous forme de gouttes liquides de solution ; ce m écanisme résulte en de petites nano-cristallites de film et en une morphologie de surface corallienne.

Le « mécanisme-collo ïde » : le précurseur atteint et r éagit avec la surface du substrat sous forme de collo ïdes solides ; ce m écanisme est caract éris épar une grande vitesse de nucléation et une faible vitesse de cristallisation, cr éant une faible taille de cristallites.

Le « mécanisme-vapeur » : le précurseur est complètement vaporisé avant d'atteindre la surface de d épôt. Il est caract érisé par une faible vitesse de nucl éation et une grande vitesse de cristallisation. Il existe deux diff érents états de surface pour ce m écanisme :

- Etat de surface super-saturé : la surface de dépôt est remplie avec plus d'atomes que de positions possibles. Les films déposés avec ce mécanisme présentent une morphologie de surface rugueuse et un état de contrainte de croissance en compression ;

- Etat de surface non-saturé : la surface de dépôt est remplie avec moins d'atomes que des positions possibles. Les films déposés présentent des structures en facettes.

Le « m écanisme-collo ïde » travaille toujours en association avec le « m écanisme-vapeur » en sursaturation, parce que le précurseur est toujours plus ou moins vaporisé Le m écanisme prédominant d épend alors de la proportion de précurseur vaporisé

Les structures cristallines des films d éposés sont d éterminées par la vitesse de nucléation et la vitesse de cristallisation du dépôt. La phase tétragonale de ZrO$_2$ peut être obtenue en augmentant la vitesse de nucléation (une faible température de dépôt, un débit important de précurseur) ou en diminuant la vitesse de cristallisation (un faible débit d'oxygène, un débit très faible de précurseur).

Le gradient de contraintes résiduelles a été déterminé par la méthode de DRX en faible incidence dans les films de ZrO$_2$ déposés par MOCVD : la contrainte de traction proche de la surface est fortement diminuée dans la profondeur du film, puis elle passe en compression. Les contraintes thermiques ont été estimées par un calcul analytique et ont été considérées comme constantes dans toute l'épaisseur du film. Les contraintes de croissance du film estimées sont en compression et elles sont en relation direction avec l'effet de diffusion atomique et avec la quantité de défauts cristallins piégés lors du dépôt.

Les mécanismes de l'évolution de la texture cristallographique des films de ZrO$_2$ déposés par MOCVD ont été discutés. La relation entre les contraintes de croissance en compression et la texture cristallographique a été étudiée. Les contraintes de croissance en compression sont responsables de la formation de texture de fibres $\{110\}_t$. Alors que la formation de texture de fibres $\{011\}_t$, qui a été généralement observée dans les films de structures en facette, est le résultat de la croissance en concurrence des cristallites proposé par le modèle de Van der Drift.

Réf érence :

[105] X.Zhao, D.Vanderbilt, Phy. Rev. B. 65 (2002) 075105.
[106] O.Sbaizero, E.Lucchini, J. Eur. Ceram. Soc. 16 (1996) 813.
[107] J.Pascual, T.Lube, R.Danzer, J. Eur. Ceram. Soc. 28 (2008) 1551.
[108] W.Araki, Y.Imai, T.Adachi. J. Eur. Ceram. Soc. 29 (2009) 2275.
[109] J.A.Sharon, P.C.Su, F.B.Prinz, K.J.Hemker, Scripta Mater 64 (2011) 25.
[110] G.E.Thayer, V.Ozolins, A.K.Schmid, N.C.Bartelt, M.Asta, J.J.Hoyt, et al.
Phys. Rev. Lett. 86 (2001) 660.
[111] M.Skovgaard, A.Ahniyaz, B.F.Sorensen, K.Almdal, A.Van Lelieveld, J.
Eur. Ceram. Soc. 30 (2010) 2749.
[112] J.G.Duh, Y.S.Wu. J. Mater. Sci. 26 (1991) 6522.
[113] V.Teixeira, M.Andritschky, W.Fischer, H.P.Buchkremer, D.Stover, Surf.
Coat. Technol. 120-121 (1999) 103.
[114] A.Portinha, V.Teixeira, J.Carneiro, C.E.Beghi, N.Franco, R.Vassen, et al.
Surf. Coat. Technol. 188-189 (2004) 120.
[115] S.Shao, Z.Fan, J.Shao, H.He. Thin Solid Films. 445 (2003) 59.
[116] G.Gracia, J.Varo, J.Santiso, J.A.Pardo, A. Figueras, A.Abrutis, Chem.
Vapor. Dep. 9 (2003) 279.
[117] E.Chason, B.W.Sheldon, L.B.Freund, Phys. Rev. Lett. 88 (2002) 156103.
[118] C. Ratsch, A. Zangwill, Appl. Phys. Lett. 58 (1991) 403.
[119] J.Tersoff, Phys. Rev. Lett. 87 (2001) 156101.
[120] P.Smereka, Q.X.Li, G.Russo, D.J.Srolovitz, Acta. Mater. 53 (2005) 1191.
[121] C.Wild, R.Kohl, N.Herres, W.Mullersebert, P.Koidl, Diamond and Related
Materials. 3 (1994) 373.
[122] Y.Kuru, M.Wohlschlogel, U.Welzel, E.J.Mittemeijer, Thin Solid Films. 516
(2008) 7615.
[123] M.H.Bocanegra-Bernal, S.D.De la Torre, J. Mater. Sci. 37 (2002) 4947.
[124] D.N.Lee, Scripta. Metall. Mater. 32 (1995) 1689.
[125] R.Saha, W.D.Niz, Acta. Mater. 50 (2002) 23.
[126] Y.Okada, Y.Tokumaru, J. Appl. Phys. 56 (1984) 314.
[127] J.D.Acord, S.Raghavan, D.W.Snyder, J.M.Redwing, J. Cryst. Growth. 272
(2004) 65.
[128] S.E.Potts, C.J.Carmalt, C.S.Blackman, F.Abou-Chahine, N.Leick,
W.M.M.Kessels, H.O.Davies, P.N.Heys, Inorg. Chim. ACTA. 363 (2010) 1077.
[129] L.Ramirez, M.I.Mecartney, S.P.Krumdieck, J. MATER. RES. 23 (2008)
2202.
[130] J.Röder, H.U.Krebs, APPL. PHYS(a). 90 (2008) 609.
[131] J.Venables, (2000). Introduction to Surface and Thin Film Processes.
Cambridge: Cambridge University Press.
[132] A.L.Shull, F.Spaepen, J. Appl. Phys. 80 (1996) 6243.
[133] J.A.Floro, S.J.Hearne, J.A.Hunter, P.Kotula, E.Chason, S.C.Seel,
C.V.Thompson, J. Appl. Phys. 89 (2001) 4886.

[134] B.W.Sheldon, A.Rajamani, A.Bhandari, E.Chason, S.K.Hong, R.Beresford, J. Appl. Phys. 98 (2005) 043509.

[135] R.W.Hoffman, Thin Solid Films. 34 (1976) 185.

[136] W.D.Nix B.M.Clemens, J. Mater. Res. 14 (1999) 3467.

[137] T.Böttcher, S.Einfeldt, S.Figge, R.Chierchia, H.Heinke, D.Hommel, J.S.Speck, Appl. Phys. Lett. 78 (2001) 1976.

[138] R.Abermann, R.Kramer, J.Maser, Thin Solid Films. 52 (1978) 215.

[139] R.C.Cammarata, Prog. Surf. Sci. 46 (1994) 1.

[140] R.C.Cammarata, T.M.Trimble, D.J.Srolovitz, J. Mater. Res. 15 (2000) 2468.

[141] R.Koch, D.Hu, A.K.Das, Phys. Rev. Lett. 94 (2005) 146101.

[142] C.Friesen, C.V.Thompson, Phys. Rev. Lett. 89 (2002) 126103.

[143] W.Walkosz, R.F.Klie, S.Öğüt, A.Borisevich, P.F.Becher, S.J.Pennycook, J.C.Idrobo, Appl. Phys. Lett. 93 (2008) 053104.

[144] C.Friesen, S.C.Seel, C.V.Thompson, J. Appl. Phys. 95 (2004) 1011.

[145] B.W.Sheldon, A.Rajamani, A.Bhandari, E.Chason, S.K.Hong, R.Beresford J. Appl. Phys. 98 (2005) 043509.

[146] C.W.Pao, D.J.Srolovitz, Phys. Rev. Lett. 96 (2006) 186103.

[147] H.C.Jeong, E.D.Williams, Surf. Sci. Rep. 34 (1999) 171.

[148] A.Van der Drift, Philips. Rev. Rep. 22 (1967) 267.

[149] F.Wakai, S.Sakaguchi, Y.Matsumoto, Adv. Ceram. Mater. 1 (1986) 259.

[150] A.Rosenflanz, I.W.Chen, J. Am. Ceram. Soc. 80 (1997) 1341.

[151] R.J.Xie, M.Mitomo, G.D.Zhan, Acta. Mater. 48 (2000) 2049.

[152] G.D.Zhan, M.Mitomo, T.Nishimura, R.J.Xie, T.Sakuma, Y.Ikuhara, J. Am. Ceram. Soc. 83 (2000) 841.

[153] X.Xu, T.Nishimura, N.Hirosaki, R.J.Xie, Y.Yamamoto, H.Tanaka, Acta. Mater. 54 (2006) 255.

[154] S.L.Hwang, I.W.Chen, J. Am. Ceram. Soc. 77 (1994) 2575.

[155] B.N.Kim, K.Hiraga, K.Morita, Y.Sakka, Nature. 413 (2001) 288.

[156] R.C.Gifkins, T.G.Langdon, Mater. Sci. Eng.A. 36 (1978) 27.

[157] D.Gómez-García, E.Zapata-Solvas, A.Do mínguez-Ro d ríguez , L.Kubin Phys. Rev. B. 80 (2009) 214107.

[158] K.Moritaa, K.Hiragaa, Philo. Mag. Lett. 81(2010) 311.

[159] A.Domínguez-Rodríguez, D.Gómez-García, M. Castillo-Rodríguez J. Eur. Ceram. Soc. 28 (2008) 571.

[160] J.J.Meléndez-Martinez1, A.Domínguez-Rodríguez, Prog. In. Mater. Sci. 49 (2004) 19.

[161] M.Nauer, C.Carry, Scr. Metall. 24 (1990) 1459.

[162] A.Lakki, R.Schaller, M.Nauer, C.Carry, Acta. Metall. Mater. 41 (1993) 2845.

[163] A.H.Chokshi, Mater. Sci. Eng. A. 166 (1993) 119.

[164] L.Clarisse, R.Baddi, A.Bataille, J.Crampon, R.Duclos, J.Vicens, Acta. Mater. 45 (1997) 3843.

[165] K.Morita, B.N.Kim, K.Hiraga, Y.Sakka, Mater. Sci. Eng. A. 387-389 (2004) 655.

[166] M.Z.BERBON, T.G.LANGDON, Acta. Mater. 47 (1999) 2485.

[167] S.Ghosha, S.Swaroop, P.Fielitz , G.Borchardt, A.H.Chokshi, J. Eur. Ceram. Soc. 31 (2011) 1027.

[168] M.Yoshida, Y.Shinoda,T.Akatsu, F.Wakai, J. Am. Ceram. Soc. 85 (2002) 2834.

[169] M.Yoshida, Y.Shinoda, T.Akatsu, F.Wakai, J. Am. Ceram. Soc. 87 (2004) 1122.

[170] F.Wang, K.Zhang, G.Wang, Mater. Sci. Eng. A. 491 (2008) 476.

[171] O.Flacher, J.J.Blandin, J. Mater. Sci. 32 (1997) 3451.

[172] G. Subhash, S.Nemat-Nasser, J. Am. Ceram. Soc. 76 (1993)153.

[173] A.Christensen, E.A.Carter, Phys. Rev. B. 58 (1998) 5080.

[174] P.Shen, W.H.Lee, Nano. Lett. 1 (2001) 707.

[175] C.Morterra, G.Cerrato, L.Ferroni, L.Montanaro, Mater. Chem. Phys. 37 (1994) 243.

[176] J.Rankin, B.W.Sheldon, Mater. Sci. Eng. A. 204 (1995) 48.

[177] Y.Natanzon, M.Boniecki, Z.Lodziana, J. Phys. Chem. Solid. 70 (2009) 15.

[178] J.E.Lowther, Phys. Rev. B. 173 (2006) 134110.

[179] C.V.Thompson, Annu. Rev. Mater. Sci. 30 (2000) 159.

[180] C.Wild, N.Herres, P.Koidl. J. Appl. Phys. 68 (1990) 973.

[181] C.Wild, P.Koidl, W.Muller-Sebert, H.Walcher, R.Kohl, N.Herres, et al. Diam. Relat. Mater. 2 (1993) 158.

[182] A.J. Dammers, S.Radelaar. Textures Microstruct. 14 (1991) 757.

[183] Paritosh, D.J.Srolovitz, C.C.Battaile, X.Li, J.Butler, Acta. Mater. 47 (1999) 2269.

[184] I.W.Chen, Y.H.Chiao, Acta. Metall. 31 (1983) 1627.

CHAPITRE 4. **Discussion de la relation entre la microstructure (la phase, défaut, texture, contrainte)**

4.1 Stabilisation de phase tétragonale dans des films de ZrO₂ déposés par MOCVD

La phase monoclinique de ZrO_2 est stable jusqu'à 1170 °C où elle commence à se transformer en phase tétragonale. Les films de ZrO_2 non dopé déposés par MOCVD contiennent souvent une seule phase tétragonale ou un mélange de phases monoclinique et tétragonale, bien que la phase tétragonale ne soit pas stable à température ambiante. On constate que la taille des cristallites a un effet important sur la stabilisation de la phase tétragonale métastable. En outre, les contraintes résiduelles ont été observées expérimentalement lors du changement de phase, parce que la transformation de phase de tétragonale à monoclinique (t→m) est toujours accompagnée de changement de volume important (environ 3-5%), ce qui va également jouer un rôle important dans la stabilisation de phase formée. Parmi ces effets, la taille critique de ZrO_2 est supposée avoir l'effet effet le plus important sur la stabilisation de phase tétragonale. De nombreux chercheurs ont déclaré que la taille critique de transformation de phase t→m de ZrO_2 est de 18 nm à 26 nm pour des films de ZrO_2 déposés sous différentes conditions, de 18 nm pour ZrO_2 en poudre et de 30 nm pour ZrO_2 en vrac.

Dans le but d'une meilleure compréhension des mécanismes de stabilisation de la phase tétragonale et de transformation de phase t→m associé dans les films de ZrO_2, trois types d'échantillons ont été déposés par MOCVD en utilisant le précurseur $Zr(THD)_4$, puis recuit à différentes températures. Les conditions de dépôt sont résumées dans le tableau 4-1. Ces traitements de recuit ont été appliqués pendant 3 heures à des températures variant de 900 °C à 1150 °C sur des échantillons justes après le dépôt de MOCVD. La morphologie de la microstructure et la surface des échantillons ont été caractérisées par MEB-FEG. La structure cristalline des films déposés et recuits a été identifiée et des mesures de figures de pôles ont été réalisées par la diffraction des rayons X. Les résultats expérimentaux montrent qu'il y a trois différentes morphologies initiales. Outre la taille critique des cristallites, les nanostructures initiales des films de ZrO_2 ont une influence significative sur la stabilisation de la phase tétragonale métastable, lors du recuit.

	Température du substrat (°C)	Vitesse d'injection du précurseur (g/h.cm^2)	Pression (Pa)	Température de vaporisation (°C)	Flux de gaz (L/h)
Type I	650	6×10^{-2}	500	250	$D(O_2)=D(N_2)=5$
Type II	850	6×10^{-2}	500	250	$D(O_2)=D(N_2)=5$
Type III	850	3×10^{-3}	500	250	$D(O_2)=D(N_2)=5$

Tableau 4-1 Paramètres expérimentaux de dépôt de ZrO_2 par MOCVD

4.1.1 Caractérisation de la microstructure

La Figure 4-1 montre la morphologie de surface des films de ZrO_2 déposés par MOCVD en utilisant le précurseur Zr(THD)$_4$. Comme on peut le voir sur la Figure 4-1, les trois types d'échantillons ont des morphologies différentes :

- Les cristallites des échantillons de type I ne peuvent pas être clairement distinguées au MEB-FEG, elles se regroupent pour former une couche superficielle ;

- Les cristallites de type II sont plus isolées que celle de type I, leur taille est très petite, environ 10-30 nm estimée à partir de l'image de MEB-FEG,

- Tandis que les échantillons de type III ont des structures typiques en facette. La taille des cristallites des échantillons de type III est beaucoup plus grande que celle de type II ; les plus grandes cristallites ont une taille de plus de 50 nm, comme on peut le voir sur la Figure 4-1c.

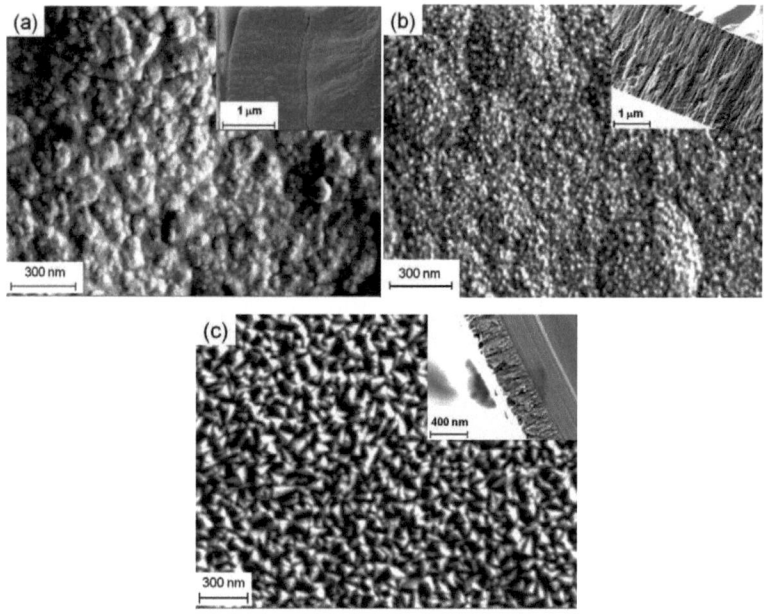

Figure 4-1 Micrographies de surface et en section des échantillons : (a) de type I, (b) de type II et (c) de type III.

La Figure 4-2 montre les diagrammes de diffraction XRD des échantillons élaborés par MOCVD et recuits. Le pic de diffraction des familles de plans $\{0\ 1\ 1\}_t$ à 30,27 ° et celui de $\{1\ 1\ 0\}_t$ à 35,25 ° de la phase tétragonale sont clairement observés pour les échantillons de type I et II. Mais le pic correspondant à la famille de plans $\{0\ 1\ 1\}_t$ de la phase tétragonale est très intense montrant ainsi un effet évident d'orientation préférentielle dans les échantillons de type III. Tous ces échantillons déposés ne contiennent que la phase tétragonale. La taille moyenne des cristallites calculée avec la formule de Scherrer est de 7 nm pour les échantillons de type I, de 27 nm pour les

127

échantillons de type II et de 43 nm pour les échantillons de type III. Les tailles de cristallites calculées des échantillons de type II et III sont en accord avec la taille des cristallites estimée à partir de l'observation au MEB-FEG. Tandis que la taille des cristallites calculée des échantillons de type I est bien inférieure à celle observée au microscope électronique, indiquant qu'il y a éventuellement des sous-structures à l'intérieur de la structure observée brute (Figure 4-1A).

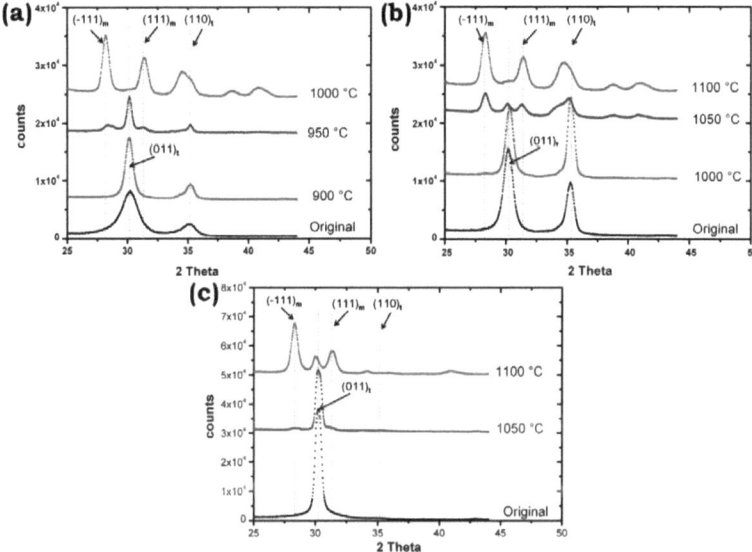

Figure 4-2 Diagrammes de diffraction des rayons X des échantillons après dépôt et après recuit à différentes températures : (a) échantillons de type I, (b) échantillons de type II et (c) échantillons de type III.

Les figures de pôles des échantillons de type I et II sont présentées dans la Figure 4-3. Les échantillons de Type I présentent une faible texture de fibre $\{1\ 1\ 0\}_t$ (Figure 4-3a) et l'indice de texture calculé avec le logiciel LaboTex est 1,03. Cette valeur reste faible pour une valeur de texture cristallographique. La texture des échantillons de type II est typiquement une texture de fibres $\{1\ 1\ 0\}_t$. L'indice de texture associé des

128

échantillons de type II est 7,6. Les figures de pôles des échantillons de type III sont similaires avec celles des échantillons de type F (Figure 3-27). La texture majeure est une texture de fibre $\{0\ 1\ 1\}_t$ accompagnée des composants $\{1\ 1\ 0\}$ <3 1 1>, $\{1\ 0\ 0\}$ <0 0 1>. L'indice de texture associée des échantillons de type III est 4,8.

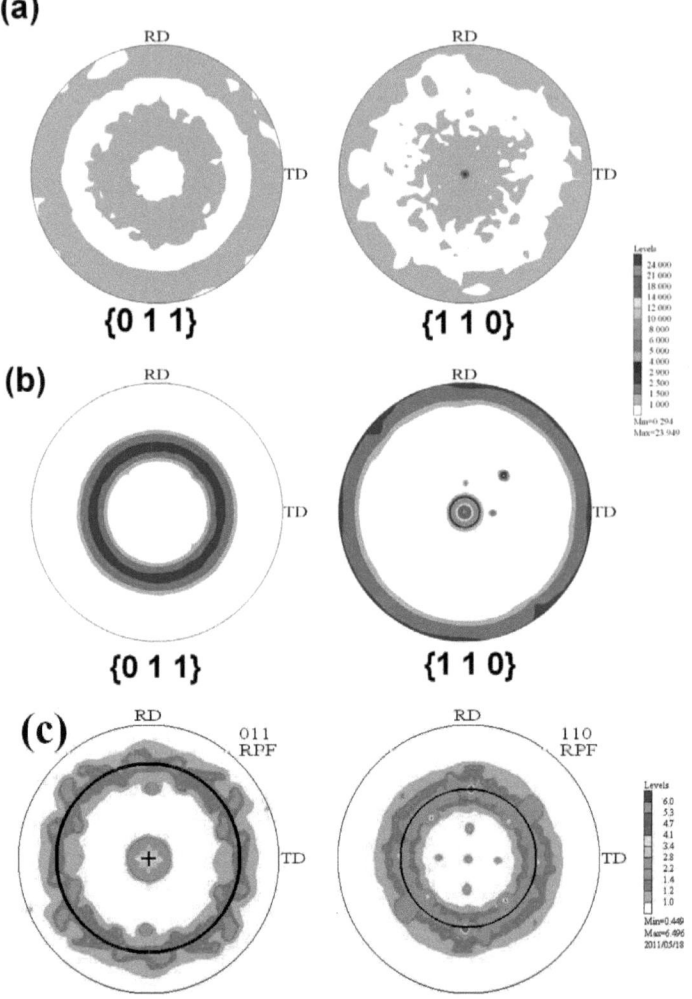

Figure 4-3 Figures de pôles $\{011\}_t$ et $\{110\}_t$ des échantillons de type I, II et III

avant recuit

4.1.2 Comportements de transformation de phase t➔m

Les comportements de transformation de la phase tétragonale à la phase monoclinique (t➔m) sont très différents pour ces trois types d'échantillons, comme on peut le voir sur la Figure 4-2. Pour les échantillons de type I, après un recuit à 950 °C pendant 3 h, la phase monoclinique a été détectée. La transformation de phase t➔m commence donc entre 900 °C et 950 °C. Alors que pour les échantillons de type II, même après un recuit à 1000 °C, un pic très faible de la phase monoclinique a été détecté. Nous ne constatons qu'un petit pic autour de 28 ° ; La phase monoclinique représente quasiment 100% du film après un recuit à 1050 °C pendant trois heures ; la transformation de phase t➔m commence à environ 1000 °C pour les échantillons de type II. Pour les échantillons de type III, même après un recuit à 1050 °C pendant 3 h, la phase tétragonale reste plus ou moins stable ; seul un petit pic est détecté à 28 ° comme on peut le voir sur la Figure 4-2c. Alors que le diagramme de DRX après un recuit à 1100 °C présente un mélange de phase tétragonale et monoclinique, donc la transformation de phase t➔m commence autour de 1050 °C pour les échantillons de type III. Ces résultats montrent que les échantillons de type III sont beaucoup plus stables, tandis que les échantillons de type I sont moins stables. Alors que les échantillons de type III ont la plus grande taille de cristallites à l'origine.

La taille des cristallites de la phase tétragonale évaluée par la DRX après le recuit est entre 16 nm (recuit à 900 °C) et 20 nm (recuit à 950 °C) pour les échantillons de type I, de 41 nm (recuit à 1000 °C) pour les échantillons de type II, et de 64 nm (recuit à 1050 °C) pour des échantillons de type III (Tableau 4-2). Pour les trois types d'échantillon, nous observons une augmentation de la taille des cristallites avec la température de recuit. Il semble que la transformation de phase t➔m n'est pas directement liée à la taille initiale des cristallites, puisque les trois types d'échantillons ont une taille de cristallites différente. Surtout que les échantillons de type III ont une

130

taille de cristallites beaucoup plus grande que toutes les valeurs signalées dans la littérature (de 6 nm à 45 nm). En outre, la phase tétragonale est très stable, même après un recuit à 1050 °C, on observe peu de phase monoclinique. Considérant le précurseur utilisé pour le dépôt, il n'y a pas d'autres impuretés ce qui a été confirmé par analyse EDX.

Type d'échantillons	I	II	III
Epaisseurs (µm)	2,5	2,5	0,3
Taille des cristallites (nm)	7	27	43
Effect de texture	Faible texture de fibre {110}$_t$	Forte texture de fibre {110}$_t$	Forte texture {011}$_t$
Contrainte Résiduelle (MPa)	≈ 0	-700	≈ 0
Température de transformation de phase (°C)	900–950	≈ 1000	≈ 1050
Taille de cristallites critique (nm)	16-20	41	64

Tableau 4-2 Caractères principaux de l'analyse des microstructures.

4.1.3 Discussion

D'après les résultats d'analyse, les structures initiales ont une influence significative sur la stabilisation de la phase tétragonale et ainsi que sur les comportements de transformation de phase t→m. La taille des cristallites n'est pas le facteur prédominant de la stabilisation de la phase tétragonale métastable dans cette étude. En plus de la taille des cristallites, les deux types d'échantillons I et II présentent une différence notable de texture cristallographique. A partir de la micrographie MEB-FEG en section, nous pouvons voir les structures colonnaires (Figure 4-1b).

Cependant, la taille de ces colonnes est beaucoup plus grande que celle des cristallites moyennes calculées à partir des pics de DRX, indiquant qu'il existe des sous-structures dans ces colonnes. Les échantillons de type III ont la plus grande taille de cristallites, et la phase tétragonale a une meilleure stabilité. Les cristallites des échantillons de type III ont une forme spéciale en facette et semblent être isolés, ce qui est différent des échantillons de type I et II. La comparaison entre les échantillons de types I et II révèle que les facteurs, qui influent sur la stabilisation de la phase tétragonale sont plus complexes, pourraient avoir un rapport avec l'orientation préférentielle et les sous-structures de cristallites en plus de la taille des cristallites. Il faut noter que les deux types d'échantillons I et II sont très denses, les contraintes peuvent avoir des effets similaires sur ces deux types d'échantillons. Les échantillons de type III montrent une autre orientation préférentielle des cristallites $\{0\ 1\ 1\}_t$ qui est différente de l'orientation préférentielle $\{1\ 1\ 0\}_t$ des échantillons de type II. La forme de cristallites en facette des échantillons de type III est différente de la texture de fibre des échantillons de type II, ces distinctions entraînent des comportements distincts de transformation de phase entre les échantillons type II et III. Toutefois, ces structures spécifiques affectent la stabilisation de la phase tétragonale ou la transformation de phase t→m.

4.2 Gradient de microstructure en profondeur des films minces de ZrO$_2$

Le gradient de contraintes résiduelles est observé dans beaucoup d'échantillons («mécanisme colloïde», films épais) étudiés dans notre étude. Généralement, la surface des échantillons de type II est constituée de micro-cristallites dont la taille est de l'ordre de 30 nm (structures en îlots). Cependant, la section transversale des échantillons montre des structures colonnaires (Figure 4-1b), en accord avec l'analyse de la texture par DRX. A partir de l'image en section des échantillons de type E (Figure 3-13, un échantillon de type II), nous constatons qu'il y a un changement de microstructure dans le sens perpendiculaire à la surface. En effet, dans les zones près de la surface du film de ZrO_2, les structures colonnaires sont constituées de micro-cristallites, alors que dans les régions en profondeur (prés de l'interface substrat/film) les micro-cristallites semblent en coalescence. Cependant, jusqu'à présent, peu d'informations sur le gradient de microstructure en profondeur des films minces de ZrO_2 ont été signalées. Cette information pourrait être utile afin de comprendre le mécanisme de croissance de dépôt de ZrO_2. Pour un tel objectif, nous avons identifié les changements structurels de ces films déposés par MOCVD en utilisant les techniques de GIXRD.

La profondeur analysée par le rayon X est donnée par Delhez *et al.*, et elle est déterminé par l'angle α, l'angle β et l'épaisseur de l'échantillon t dans notre cas (CHAPITRE 2). Pour vérifier l'existence du gradient par rapport à la profondeur analysée par DRX, l'information relative à la microstructure et aux contraintes en profondeur est obtenue.

La largeur à mi-hauteur (FWHM) d'un Pic de Bragg comprend deux effets (la taille des cristallites et la déformation élastique inhomogène) qui sont représentés dans l'équation suivante (Williamson-Hall Plot) :

$$(\beta_m - \beta_{int}) = \frac{\lambda}{dcos\theta} + 4\varepsilon_{str}(tan\theta)$$

Avec :

β_m est la FWHM mesurée, et β_{int} est la FWHM instrumentale, λ est la longueur d'onde des rayons X et ε_{str} est la microdéformation inhomogène.

Dans le cas d'une configuration en GIXRD, la FWHM mesurée est composée de trois parties comme le montre dans la formule ci-dessous.

$\beta_m = \beta_{phy} + \beta_{int} + \beta_a$

où : β_{phy} est la FWHM physique, β_{int} est l'élargissement instrumental et β_a est l'élargissement asymétrique aux petits angles d'incidence. L'élargissement asymétrique aux petits angles d'incidence est mesuré avec un échantillon bien recristallisé ultra fin (<100 nm) après un recuit à 900 ℃ pendant 5 h.

133

Selon la formule 2.2, pour un échantillon ultra fin :

$$\lim_{t \to 0} \tau_t = \frac{1}{2} t$$

La relation entre la profondeur de l'information pour les films de ZrO_2 d'épaisseur de 100 nm et l'angle d'incidence des rayons X est représentée dans la Figure 4-4 a. Comme on peut le voir, la profondeur de pénétration ne change presque pas avec l'angle d'incidence des rayons X : cela signifie qu'à chaque profondeur, β_{int} est constante à cause de l'effet instrumental.

La Figure 4-4 b montre que la relation entre la largeur de pics du film de 100 nm et l'angle d'incidence des rayons X est de type : $y = 0,43\exp(-x/1,33)$. On peut donc utiliser cette relation pour corriger l'effet de divergences dus aux angles d'incidence.

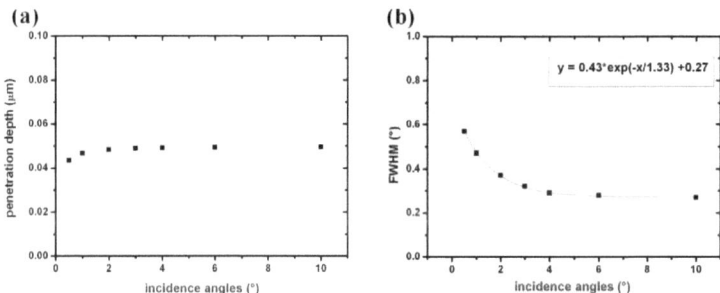

Figure 4-4 Effet de l'élargissement asymétrique : (a) relation entre la profondeur de pénétration et l'angle incident pour le film ZrO_2 de 100 nm. (b) relation entre la FWHM et l'angle incident des rayons X pour le film ZrO_2 de 100 nm.

Deux échantillons en phase tétragonale préparés à différentes températures (l'échantillon de type I sans texture à 650 °C et l'échantillon de type II avec texture à 850 °C) sont choisis pour étudier le gradient de la microstructure en profondeur. Il faut noter que les échantillons ont été refroidis immédiatement avec de l'air comprimé après le dépôt afin de minimiser l'effet du recuit.

La Figure 4-5 montre les diffractogrammes obtenus en GIXRD des échantillons de type II à différents angles d'incidence. A un angle d'incidence fixe, les pics de diffraction correspondent à la somme intégrale de toutes les couches que les rayons X peuvent atteindre. Dans un échantillon polycristallin isotrope et homogène, cette intégrale sera de même contribution que n'importe quelle zone de la couche. Toutefois, si la structure cristalline change avec la profondeur, les pics de diffraction des rayons X à différents angles d'incidence donneront des informations différentes sur les structures. Comme il est indiqué dans la Figure 4-5, la largeur de pics est évidemment beaucoup plus grande aux petits angles d'incidence (0,5 °) que celle aux grands angles d'incidence (10 °), ce qui implique qu'il y a un changement de la microstructure (taille des cristallites, type de défauts) en fonction de la profondeur dans les films.

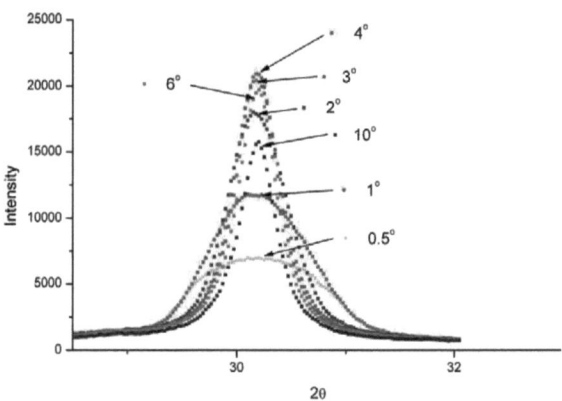

Figure 4-5 Pics de diffraction de la famille des $\{0\ 1\ 1\}_t$ de la phase tétragonale de type I en fonction de l'angle d'incidence.

L'évolution des FWHM, après avoir déduit l'effet de divergence en fonction de la profondeur, est représentée sur la Figure 4-6. Les profondeurs de pénétration à différents angles d'incidence sont calculées selon la formule de Delhez. Pour les deux échantillons déposés à des températures différentes, la largeur de pics diminue avec la profondeur d'analyse de DRX, puis devient constante. On peut en conclure que le

135

gradient de microstructure n'existe que dans la zone proche de la surface (<0,5 à 0,6 µm), tandis que dans les zones plus profondes, la microstructure est stabilisée. Ceci peut être expliqué par le mécanisme de croissance : les réactifs à l'état gazeux atteignent la surface du substrat chauffé formant les centres de cristallisation, la première couche déposée peut être amorphe, puis la cristallisation se produit lors du recuit in situ de la couche supérieure, puisque la température de dépôt est élevée dans nos procédés. Le gradient de microstructure est dû aux différents recuits in-situ. Les résultats de Zhao [12] a démontré ce mécanisme en étudiant un film ultra mince de ZrO_2 (3 nm), la première couche déposée est amorphe puis la phase tétragonale est apparue lorsque le film est plus épais.

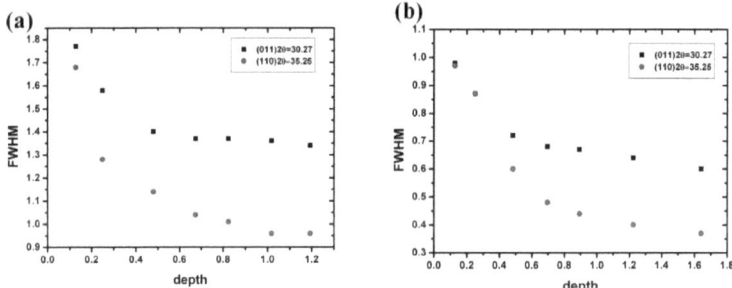

Figure 4-6 Evolution des largeurs à mi-hauteur (FWHM) en fonction de la profondeur après avoir déduit l'effet de divergence dus aux angles d'incidence pour les 2 échantillons étudiés : (a) type I, (b) type II.

L'existence d'un gradient de microstructure est confirmée par l'observation en surface et en section au MEB-FEG (Figure 3-13). La surface des échantillons de type II est composée de nano-cristallites, la taille de ces nano-cristallites, obtenue avec la formule de Scherrer (27 nm) (avec l'hypothèse que l'élargissement de raies est dû uniquement à la taille des cristallites et que l'effet des microdéformations est négligeable), est en accord avec l'observation au MEB-FEG. Selon la micrographie de la section, au sein de la structure colonnaire, il y a des sous-structures dans la région proche de la surface (Figure 3-13). Dans la région plus profonde du film, ces sous-structures ne sont plus vraiment visibles et la taille de ces sous-structures est plus importante qu'en surface. Un autre phénomène que nous devons souligner est qu'à 1,6 µm de profondeur, la largeur à mi-hauteur (FWHM) de la famille de plans $\{0\ 1\ 1\}_t$ est beaucoup plus importante que celle de la famille des plans $\{1\ 1\ 0\}_t$, indiquant que les atomes dans la direction $[1\ 1\ 0]_t$ sont mieux ordonnés que ceux dans la direction $[0\ 1\ 1]_t$.

Comme le montre la Figure 4-7, après un recuit à 650 °C (la même température que la température de dépôt) pendant 5 heures, le gradient des largeurs à mi-hauteur des pics de diffraction $\{0\ 1\ 1\}_t$ et $\{1\ 1\ 0\}_t$ des échantillons de type I devient moins important. La valeur absolue des tailles de cristallites en profondeur après un recuit est aussi augmentée en comparaison à celles obtenues après le dépôt. La diminution des FWHM des familles de plans $\{0\ 1\ 1\}_t$ et $\{1\ 1\ 0\}_t$ suggère l'augmentation de la taille des cristallites et la diminution du nombre de défauts cristallins pendant le recuit.

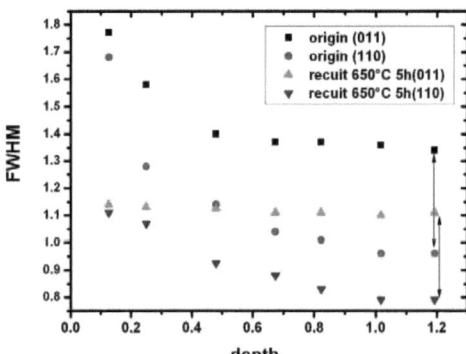

Figure 4-7 Evolution des largeurs de pics à mi-hauteur (FWHM) en fonction de la profondeur pour des échantillons de type I après dépôt et après recuit.

Ces résultats suggèrent qu'il existe un gradient de microstructures dans les films de ZrO$_2$, ce qui est en accord avec le gradient de contraintes résiduelles présentédans le paragraphe 3.2. Le gradient de microstructures peut expliquer le mécanisme d'évolution de la texture proposé dans le paragraphe 3.3.1 : la texture $\{1\ 1\ 0\}_t$ est le résultat de fluage à haute température sous contrainte de compression. D'ailleurs, une grande quantité de défauts cristallins existe dans les films ZrO$_2$ déposés par MOCVD (« mécanisme colloïde »), cependant, dans les échantillons de ZrO$_2$ avec une morphologie en facettes nous n'avons pas observé une différence notable de FWHM des différents pics.

4.3 Stabilisation de phase par défauts cristallins

Dans la théorie traditionnelle des transitions de phase, les états stables des matières solides sont déterminés par la pression, la température et la composition chimique. Toutefois, certains matériaux présentent souvent des structures nano-cristallines qui sont différentes de la phase thermodynamiquement stable, tels que γ-Al$_2$O$_3$ [185], ZrO$_2$ tétragonale [186], α-AgI [187], BaTiO$_3$ [188], *et al.* La stabilisation de la phase métastable de ces matériaux est généralement attribuée à une diminution de la taille nano-cristalline : dans le cas de nano-cristaux, où l'énergie de surface apporte une contribution majeure à l'énergie totale du système, le changement de phase à partir de la phase métastable peut diminuer l'énergie totale du système en raison de l'énergie surface/interface plus faible de la phase métastable. Dans ce paragraphe, nous allons étudier un autre facteur, en plus de la taille des cristallites et des contraintes internes, qui a un effet significatif sur la stabilisation de la phase métastable dans le système de ZrO$_2$: nous allons discuter l'influence des défauts cristallins.

La stabilisation de la phase métastable tétragonale à température ambiante est souvent réalisée soit par des impuretés dopantes trivalentes, soit en diminuant la taille des cristallites. La taille critique pour la transition de phase t$\rightarrow$m de ZrO$_2$ non-dopée, rapporté dans la littérature, se situe entre 6 nm et 45 nm suivant les auteurs. Ces dernières années, des efforts ont été consacrés à l'étude des influences sur la taille critique, comme l'effet des contraintes internes [28,29], la morphologie [27]. Dans les chapitres précédents, nous avons trouvé que les tailles critiques pour la transformation t→m changent suivant les échantillons. Afin de trouver la raison de ces différences de tailles critiques, des échantillons de t-ZrO$_2$ ont été ésynthéisés dans une large gamme de paramètres d'élaboration par MOCVD et les échantillons ont été caractérisés par des différentes techniques (Chapitre 3). Selon la littérature, en raison de l'existence d'une taille critique pour la stabilisation de la phase tétragonale métastable, un film de t-ZrO$_2$ avec une taille micrométrique cristallites est irréalisable à température ambiante. Toutefois, dans cette étude, nous avons réussi à synthéiser des échantillons de t-ZrO$_2$ avec des cristallites de grande taille (de 250 nm à 2000 nm) sans dopage (échantillons de type II), en raison d'une grande quantité de défauts existants dans les cristaux. Le principal objectif de ce paragraphe est de discuter des effets des défauts cristallins sur la stabilisation de la phase tétragonale métastable.

Les échantillons de type II ont été synthéisés par MOCVD en utilisant le précurseur Zr(THD)$_4$. La pureté des échantillons a été caractérisée par l'analyse par EDX sous MEB-FEG. Les résultats XPS ont confirmé la pureté de films de ZrO$_2$ synthéisés par cette technologie. Ainsi, le seul pic correspondant à la liaison de Zr-O a été observé (le pic H-O a été considéré comme la molécule de H$_2$O absorbée) [47, Annexe 3]. Il n'y avait pas de contamination d'autres éléments chimiques, en accord avec les résultats d'EDX. La structure cristalline et la morphologie des échantillons ont été caractérisées par DRX, MEB-FEG, et MET.

La Figure 4-9 a montre une structure colonnaire (d'orientation {1 1 0}$_t$ selon la détermination de la texture réalisée par diffraction des rayons X). La largeur moyenne d'une colonne est d'environ 200 nm alors que la longueur d'une colonne est supérieure à 2000 nm selon l'observation réalisée par MET. Selon les clichés de diffraction électronique (SAED) recueillis d'une seule colonne, le cliché obtenu indique qu'une colonne est constituée d'un seul cristal. Ces résultats montre qu'un cristal de ZrO_2 tétragonale de grande taille (200x2000 nm) pourrait être stable à la température ambiante, ainsi la stabilisation de la phase métastable de ZrO_2 n'est pas fonction directe de la taille des cristallites. Après une observation en détail de la structure de la colonne en haute résolution, une grande quantité de défauts cristallins (dislocations, macles) est été trouvée à l'intérieur d'une même colonne (Figure 4-8b). Ces défauts pourraient avoir des effets sur la stabilisation de ZrO_2 tétragonale.

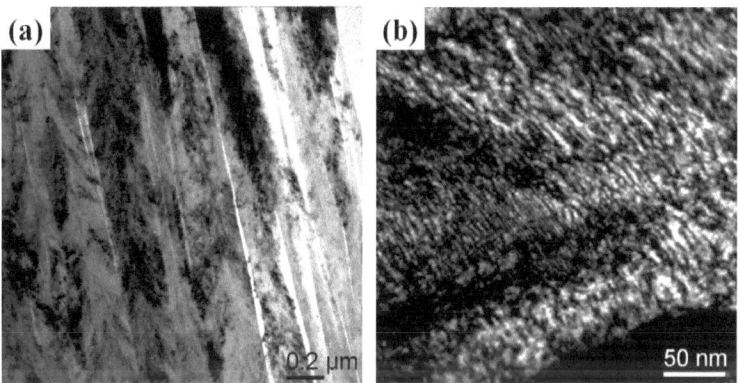

Figure 4-8 Micrographies observées au MET d'un film mince de t-ZrO_2 sur plusieurs colonnes (a) et à l'intérieur d'une seule colonne (b) (type II)

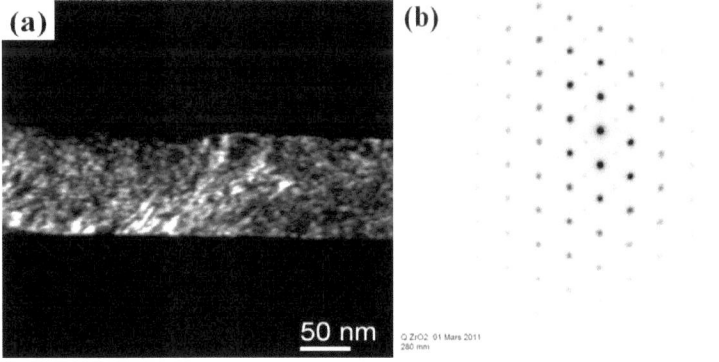

Figure 4-9 (a) Micrographie observées au MET sur t-ZrO_2 (a) et (b) clichés de diffraction sur une seule colonne

La Figure 4-10 montre l'observation directe à haute résolution des dislocations dans les films de t-ZrO$_2$. Près de la zone de dislocations, nous avons pu observer une déformation locale importante causée par la présence de dislocations.

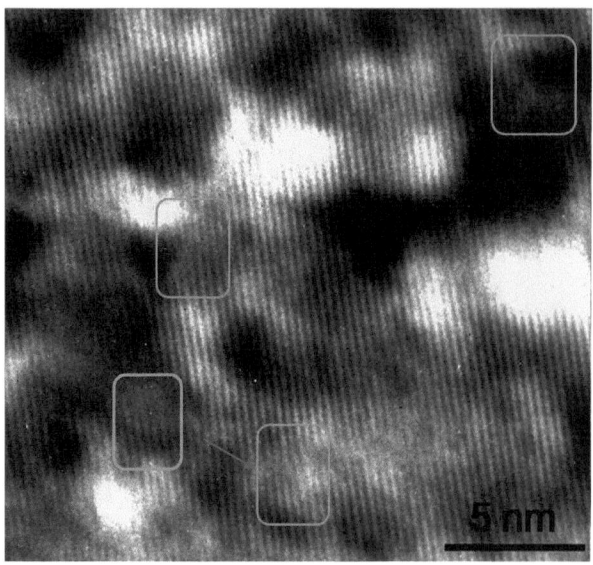

Figure 4-10 Observation directe des dislocations dans les films de t-ZrO$_2$ à l'intérieur d'une seule colonne

La Figure 4-11 montre deux images MET des échantillons de type II (le même échantillon que celui des Figure 4-9 et Figure 4-10 sans recuit) après un recuit à 1050 °C ayant subit une transformation de phase t→m. La taille des cristallites est plus petite que celle de la colonne avant recuit. La colonne est divisée en plusieurs sous-cristaux. Ce résultat n'est pas en accord avec les résultats présents dans le Tableau 4-2 indiquant que la taille des cristaux augmente après un recuit. Mais ces diminutions de la FWHM sont dues à la diminution de la quantité des défauts cristallins.

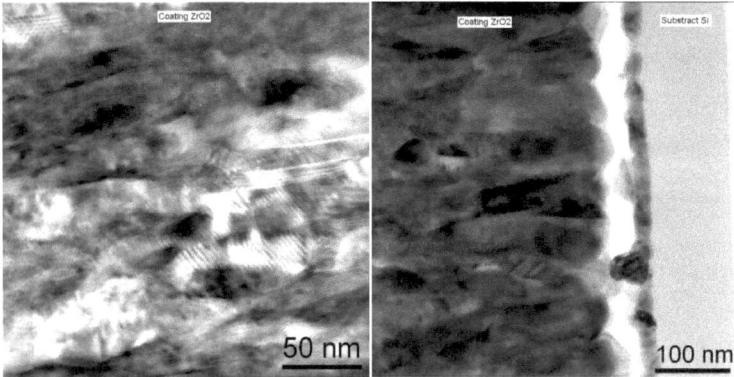

Figure 4-11 Micrographies au MET d'un film mince de ZrO$_2$ après recuit à 1050 ℃.

Diverses explications ont été proposées pour la stabilisation de la phase ZrO$_2$ tétragonale nanocristalline à température ambiante et pour les controverses qui existent sur la stabilité de la phase tétragonale. Garvie [22] a proposé que le faible niveau d'énergie de surface de la phase tétragonale de ZrO$_2$ est la cause principale pour sa stabilisation sous forme de cristallites nanométriques à température ambiante. Nitsche *et al.* [24,25] ont suggéré que la taille critique de la stabilisation à 100% de la phase tétragonale de ZrO$_2$ est de 6 nm, au-dessus de cette valeur, les nanocristallites de ZrO$_2$ existent en tant que des particules « noyau-coquilles » : la cristallite de la phase tétragonale comme un noyau et les cristallites de la phase monoclinique comme une coquille. Mitsuhashi *et al.* [189] ont montré que la phase métastable tétragonale de ZrO$_2$ peut être stabilisée avec une taille de cristallites supérieure à 30 nm due à l'énergie de contrainte. Récemment, Shukla *et al.* [27] ont suggérés que la morphologie nanocristalline ait un effet sur la stabilisation de la phase tétragonale métastable de ZrO$_2$. Mais tous ces mécanismes ont été fondés sur l'hypothèse d'un cristal parfait. L'existence de défauts cristallins peut avoir une grande influence sur l'énergie libre de Gibbs des deux phases, ce qui correspond à notre cas. Outre le mécanisme basé sur la surface/énergie interfaciale proposé par Garvie et Nitsche [24,25] qui ont montré que la stabilisation de particules tétragonales est due à l'augmentation de la pression interne efficace en raison de la courbure de surface avec petite taille de la particule (l'effet Gibbs-Thomson). Toutefois, ce mécanisme n'est pas adapté pour les matériaux en couches minces qui n'ont pas d'effet Gibbs-Thomson.

Aucune de ces théories, que nous avons mentionné ci-dessus, ne pourraient servir à expliquer entièrement le phénomène observé dans notre étude. Notre taille critique pour la stabilisation de ZrO_2 tétragonale est beaucoup plus grande que n'importe quelle valeur annoncée dans les littératures. Après un recuit à 1050 °C, la taille de cristallites est plus petite que la taille des colonnes avant recuit. Sur la base de notre observation au MET, nous proposons que la stabilisation de la phase tétragonale soit contribuée par une grande quantité de défauts cristallins. La phase tétragonale de ZrO_2 a une symétrie plus importante que celle de la phase monoclinique, on propose que l'énergie des défauts cristallins dues aux dislocations est différente dans ces deux structures. La différence énergie des défauts se présente sous deux façons distinctes : l'énergie de microdéformation et le déséquilibre électrique des défauts.

L'énergie des microdéformations est l'énergie provenant de l'interaction élastique entre les défauts et la matrice. Elle est en relation directe avec les constantes élastiques. Malheureusement, les constantes élastiques de ZrO_2 tétragonale sans dopage sont encore mal connues, bien que de nombreux articles [190,191,192,193,194] ont discuté des valeurs de ces constantes élastiques. Malheureusement, ils ne sont pas parvenus à des résultats cohérents et convaincants. Srinivasan *et al.* [195,196] ont fait une contre proposition par rapport au mécanisme proposé par Garvic (stabilisation de la phase tétragonale due à la baisse de l'énergie de surface) car ils ont trouvé que la taille de la maille monoclinique est beaucoup plus faible. Ils ont suggéré que les sites lacunaires d'oxygène sont bien présents sur la surface qui contrôle la transformation de phase t→m lors du refroidissement, et après l'adsorption d'oxygène en surface qui est en déficit d'oxygène déclenche cette transformation de phase.

Concernant l'énergie contribuée par la partie électrique, les défauts cristallins dans le système de symétrie plus basse (monoclinique) auront plus de déséquilibre en charge que ceux dans le système plus symétrique (tétragonale). Dans l'étude de nanoparticules d'AgI, Makiura *et al.*[187] ont proposé un effet similaire de charge électrique déséquilibré qui a un effet de la transformation de phase. En fait, l'énergie de surface et d'interface peut être considérée comme une sorte d'énergie de défauts (l'énergie provoquée par le désordre atomique). De cette manière, cette théorie proposée n'entre pas en conflit avec celle proposée par Gravie. En conclusion, la stabilisation de ZrO_2 tétragonale est due à l'énergie provoquée par le désordre des atomes de la phase tétragonale qui est inférieure à celle de la phase monoclinique.

D'autres expériences (analyse par SIMS, observation par MET) ont été effectuées pour déterminer le type et la quantité des défauts cristallins des échantillons de type II, et le mécanisme de stabilisation de phase, mais les résultats ne sont pas suffisamment concluant (Annexe 2, Annexe 4), d'autres études plus poussées et plus ciblées devront se poursuivre.

4.4 Transformation de phase et morphologie de surface

Comme nous avons vu ci-dessus, les défauts cristallins pourraient stabiliser la phase tétragonale métastable, en raison du faible niveau d'énergie de défauts dans la phase tétragonale de ZrO_2. Cependant, la théorie ne peut pas être utilisée pour expliquer le comportement de transformation de phase des échantillons de type III, qui présente des structures typiquement en facette. La taille des cristallites des échantillons de type III calculée par la formule de Scherrer est presque en accord avec l'observation directe au MEB-FEG (l'observation de surface et en coupe). Ce qui suggère que la quantité des défauts cristallins est très limitée dans les échantillons de type III, notre estimation à partir des tracées de courbes Williamson-Hall ne montre pas non plus de défauts cristallins. La taille moyenne des cristallites est de 41 nm (Tableau 4-2), mais à partir de l'observation au MEB-FEG, beaucoup de cristallites ont une taille plus importante que 41 nm, comme nous pouvons le voir dans la Figure 4-12 suivante. En effet, la plus grosse cristallite mesure plus de 100 nm de diamètre, cela a déjà été observé dans la

Figure 3-24. Cette taille est beaucoup plus grande que les tailles critiques proposées par

Garvie et les autres auteurs.

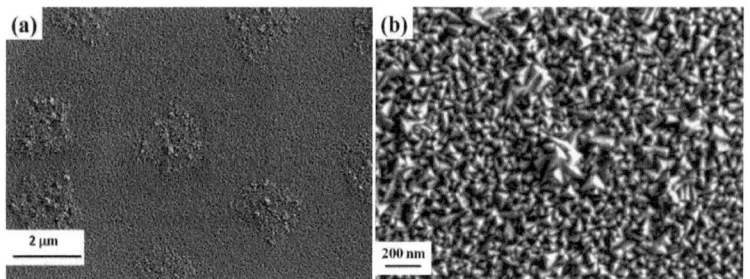

Figure 4-12 Morphologie superficielle des échantillons élaborés avant phase

transformation (type III)

L'énergie libre de ZrO$_2$ (G) peut être exprimée par l'équation suivante :

$$G = A \cdot d^3 \cdot G_v + B \cdot d^2 \gamma + G_{strain} \qquad 4\text{-}1$$

Où d est la taille d'une particule ou d'un cristal, G$_v$ est l'énergie libre par unité de

volume d'un cristal infini, et γ est l'énergie de surface/interface du cristal, G$_{strain}$ est

l'énergie de déformation (pour les échantillons qui ont une contrainte nulle, G$_{strain}$=0), A

et B sont des facteurs de forme pour le volume et la surface/interface respectivement.

Avec l'hypothèse de particules sphériques sans contrainte : alors A=$\frac{1}{6}$π, B=π et

G$_{strain}$=0, donc la formule est simplifiée :

$$G = \frac{1}{6}\pi d^3 \cdot G_v + \pi d^2 \gamma \qquad 4\text{-}2$$

La formule 4-2 est de même forme que celle proposée par Garvie, et la taille

critique estimée pour les particules sphériques est 10 nm [186,197]. Toutefois, par

rapport aux matériaux massifs, la différence est que l'énergie de déformation et

l'énergie d'interface doivent être considérées pour étudier la transformation de phase.

Comme cette transformation de phase t➔m qui va provoquer un changement de volume, l'énergie de déformation va être augmentée. Avec cette considération, la taille critique sphérique est proposée pour 30 nm avec un matériau massif [22]. Mais pour un film de ZrO$_2$ avec une forme bien spécifique, la taille critique va être changée. La différence d'énergie libre des deux polymorphes tétragonale et monoclinique est alors donnée par :

$$\Delta G = A \cdot d^3 \cdot \Delta G_v + B \cdot d^2 (\gamma_t - \gamma_m) + \Delta G_{strain} \qquad 4\text{-}3$$

Où ΔG_v est la différence d'énergie libre pour la transition de phase par unité de volume d'un cristal infini ; γ_t et γ_m sont respectivement l'énergie de surface/interface de la phase tétragonale et monoclinique.

Nous considérons maintenant la situation des particules avec un changement de phase, la taille critique est déterminée avec $\Delta G_{strain} = 0$:

$$d_c = K \cdot \frac{-(\gamma_t - \gamma_m)}{\Delta G_v} \qquad 4\text{-}4$$

K est le facteur de forme de la taille critique, devrait tenir compte des changements de volume et la surface de transformation de phase t→m. Dans notre cas, pour les structures en facette, l'énergie de surface est fortement liée à des plans d'arrangements atomiques : γ_t(hkl) et γ_m(hkl). Comme nous l'avons mentionné au Chapitre 3, ces facettes sont liées à une surface d'énergie plus basse de ZrO$_2$ tétragonale, la surface de plus basse énergie peut faire augmenter la taille critique pour le changement de phase. Avec ces considérations, nous pensons que la stabilisation de la phase tétragonale est fortement liée à la forme des cristallites.

Afin de soutenir notre proposition, plusieurs expériences ont été préparées, les résultats des expériences de recuit sont déjà donnés dans paragraphe 4.1. La phase tétragonale des échantillons de type III est très stable jusqu'à 1050 °C, elle a une très grande stabilité thermique. Après recuit, une croissance des cristallites significative est observée par la diffraction des rayons X (Tableau 4-2).

Selon notre proposition : la stabilisation de la phase tétragonale est fortement liée à la forme des cristallites. En effet, si les structures en facette sont détruites, la phase tétragonale ne sera plus stable. Deux types d'expériences (polissage mécanique et

146

dissolution par corrosion) ont ét ér éalis ées pour d étruire les facettes des échantillons de type III, la structure cristalline de la surface a ét émodifi ée par un polissage m écanique ou par une dissolution chimique, puis cette nouvelle surface a ét éétudiée à nouveau par DRX. Nous avons essayé de changer que les structures de surface en gardant la structure interne stable. Le polissage m écanique est effect u éavec un papier très fin (SiC 2400) refroidi avec l'eau afin de limiter l'augmentation de la tempéature. Puis le polissage m écanique a ét é arrêt é d ès que nous pouvons voir clairement les traces de polissage. Les exp ériences de dissolution par corrosion ont ét ér éalis ées avec la solution (HF : HNO$_3$: H$_2$O = 1 : 4 : 5, volume), les échantillons ont ét é immergés pendant dix secondes, puis la v és avec l'eau. Ensuite analyser avec la DRX pour v érifier s'il y a eu transformation de phase t→m. Après 8 à 15 immersions (cela d épend des échantillons), nous avons déect éla transformation de phase t→m.

Figure 4-13 montre les résultats des échantillons de type III, après un polissage m écanique et une dissolution par la corrosion, comme on peut voir clairement l'apparition de pics de la phase monoclinique, le pic {-1 1 1}$_m$ pour les échantillons polis et les pics {-1 1 1}$_m$ et {1 1 1}$_m$ des échantillons après immersion en solution acide. Un changement de position de pic a ét é également observ é, le pic {0 1 1}$_t$ de la phase t étragonale a ét é d éplacé vers la droite, ce qui sugg ère la contrainte de compression a ét ég én érée après la transformation de phase. Cela est d ûà la variation de volume associ é à la transformation de phase t→m.

Figure 4-14 montre la morphologie de surface des échantillons de type III après immersion. Par rapport à la morphologie de la surface (Figure 4-12, le m ême échantillon), nous pouvons voir que les facettes ont ét é d étruites et des fissures ont été observ ées. Toutes les fissures ont ét é génér ées dans la r égion comportant des cristallites de grandes tailles, ces fissures sont dues à la contrainte de compression associ é à la transformation de phase t→m. Ces r ésultats indiquent que les cristallites t étragonale de grande taille ont été transform ées en phase monoclinique, alors que les petites cristallites restent relativement stables.

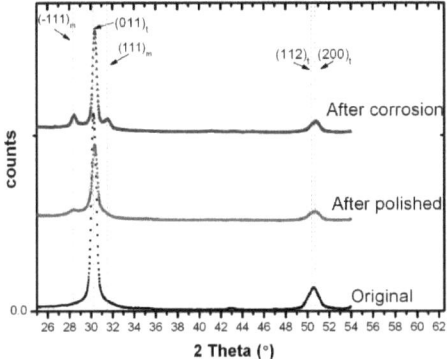

Figure 4-13 Diffractogrammes d'un échantillon de type III après dépôt (noir),

après polissage (rouge) et après attaque chimique (bleu).

Ces résultats soutiennent notre proposition d'explications que la stabilisation de la phase tétragonale des échantillons de type III est due à la forme des cristallites et des facettes particulières de basse énergie de surface ; lorsque la forme ou les facettes ont été édétruites, la transformation de phase t→m se produit en raison d'une augmentation soudaine de l'énergie de surface. Sun *et al.*[198] ont observé la transformation de phase t→m après un polissage mécanique dans leur étude sur les comportements à l'usure de ZrO₂, mais sans donner d'explication. Le processus d'usure est compliqué car il s'agissait un effet couplé de contraintes, de déformations plastiques et d'augmentation de température. Mais dans notre étude, il n'y a aucune influence de la hausse de température lors du polissage. La transformation de phase de ZrO₂ tétragonale induite par l'effet de contrainte est signalée dans plusieurs articles récents. L'influence de la contrainte sur la stabilisation de phase de ZrO₂ est assez compliquée, certains rapports indiquent que la contrainte de compression pourrait minimiser ou retarder la transformation de phase t→m [28,111,199,200], tandis qu'au contraire, certaines études ont révélé que la transformation de phase t→m pourrait être déclenchée par des contraintes hydrostatiques et des contraintes de cisaillement. En effet ce type de transformation peut avoir lieu près de la pointe de la fissure à la suite du développement de contraintes de compression associées à la transformation de phase [31]. Benali *et al.* [28,200] ont étudié la transformation de phase de films de ZrO_2 provoquée par l'effet de contrainte. Ils ont quantifié la proportion relative de phase tétragonale et monoclinique à l'aide de l'intensité relative des pics de diffraction des phases, ces résultats quantitatifs sont discutables en raison de l'absence de considération de l'effet de texture dans leur calcul. Jusqu'à présent, il est très difficile de déterminer les effets des contraintes sur la transformation de phase due à la difficulté de la préparation des échantillons contenant une phase purement tétragonale avec une taille critique sensible aux contraintes. Nous avons essayé de réaliser ces échantillons pour cette étude, mais les résultats ne sont pas très convaincants (Annexe 1), plus d'expériences devraient être entreprises.

Mais il n'y a aucun effet de contrainte et de déformation plastique sur l'échantillon lors de la dissolution par corrosion car c'est un processus typiquement chimique. La corrosion détruit les plans parfaits de basse énergie de surface, une augmentation soudaine de l'énergie de surface déclenche la transformation de phase t→m. Ces résultats confirment notre proposition que la stabilisation de la phase tétragonale de ZrO_2 est très sensible à la taille critique et à la forme des cristallites. La faible énergie de surface en facette pourrait stabiliser la phase tétragonale et accroître la taille critique pour la transformation de phase t→m.

Les expériences de dissolution (attaque chimique) ont été réalisées sur deux échantillons à plusieurs reprises. Un autre résultat important qui doit être remarqué, c'est que la phase monoclinique de ZrO_2 générée après la dissolution n'est pas stable, les structures sont variables en fonction du temps. Nous avons observé la transformation de phase m→t à température ambiante juste après la dissolution mais un changement significatif de structure de la surface (Annexe 5) a été observé après un mois de conservation. D'autres études devraient se poursuivre.

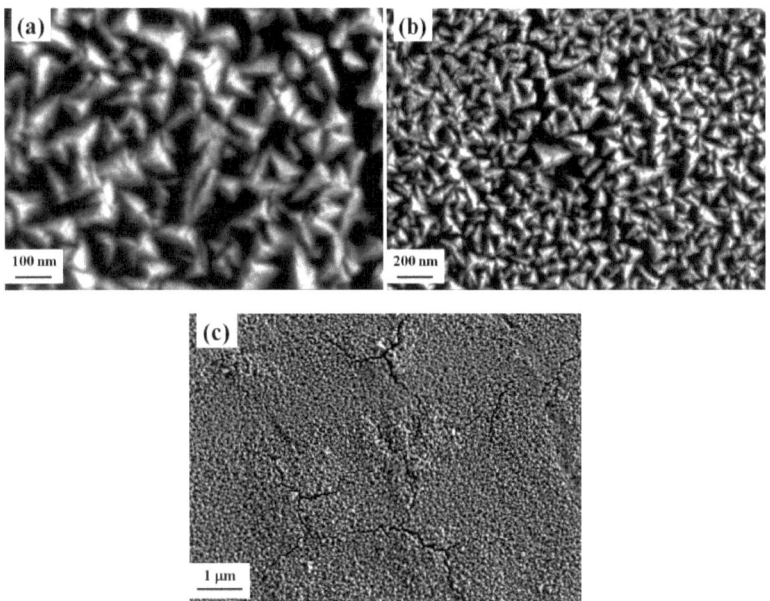

Figure 4-14 Morphologie superficielle des échantillons élaborés après corrosion (type

III)

4.5 Conclusion

La stabilisation de la phase tétragonale dans les films de ZrO_2 déposés par MOCVD a été étudiée dans ce chapitre. Sur la base de notre observation expérimentale, nous proposons que la stabilisation de la phase tétragonale soit surtout due à deux raisons :

- L'existence d'une grande quantité de défauts cristallins dans les films de ZrO_2 déposés par MOCVD : en effet la phase tétragonale de ZrO_2 a une symétrie plus importante que celle de la phase monoclinique, l'énergie des défauts cristallins associée est plus fiable dans la phase tétragonale.

- La morphologie des cristallites : la stabilisation de la phase tétragonale de ZrO_2 est très sensible à la taille critique et à la morphologie des cristallites ; la faible énergie des surfaces en facette pourrait stabiliser la phase t étragonale et

accroître la taille critique de la transformation de phase t➔m.

Reference :

[185] J.M.McHale, A.Auroux, A.J.Perrotta, A.Navrotsky, Science 227 (1997) 778.

[186] R.C.Garvie, J. Phys. Chem. 82 (1978) 218.

[187] R.Makiura, T.Yonemura, T.Yamada, M. Yamauchi, et al, Nature.mater. 8 (2009) 476.

[188] M.H.Frey, D.A.Payne, Phys. Rev. B. 54 (1996) 3158.

[189] T.Mitsuhashi, M.Ichiara, V.Tatsuke, J. Am. Ceram. Soc. 57 (1974) 97.

[190] L.L.Boyer, B.M.Klein, J. Am. Ceram. Soc. 68 (1985) 278.

[191] H.J.F.Jansen, Phys. Rev. B. 43 (1991) 7267.

[192] J.E.Lowther. Phys. Rev. B. 73 (2006) 134110.

[193] P.W.Dondl, K.Hormann, J.Zimmer, Phys. Rev. B. 79 (2009) 104114.

[194] Y.Natanzon, M.Boniecki, Z.Łodziana, J. Phys. Chem. Sol. 70 (2009) 15.

[195] R. Srinivasan, L. Rice, B.H. Davis, J. Am. Ceram. Soc. 68 (1990) 135.

[196] R. Srinivasan, L. Rice, B.H. Davis, J. Am. Ceram. Soc. 73 (1990) 3526.

[197] R.C.Garvie, J. Phys. Chem. 69 (1965) 1298.

[198] Y.Sun, B.Li, D.Yang , T.Wang, Y.Sasaki, K. Ishii, Wear. 215 (1998) 232.

[199] P.Bouvier, J.G.Odlewski. G.Lucazwau, J. Nucl. Mater. 300 (2002) 118.

[200] B.Benali, A.M.Huntz, M.Andrieux, M.Ignat, S.Poissonnet, Appl. Surf. Sci 254 (2008) 5807.

Conclusion et perspectives :

Au cours de ce travail, nous nous sommes attachés à la synthèse et la caractérisation des dépôts de ZrO$_2$ réalisés par MOCVD. Notre travail avait les objectifs suivants :

L'idée importante qui doit ressortir de ce travail est l'existence de gradients de microstructures (défaut cristallites) et de gradients de contraintes résiduelles dans les films de ZrO$_2$ déposé par MOCVD. Ils ont été mis en évidence par DRX en faible incidence. L'influence des conditions de dépôt par MOCVD sur l'évolution de la microstructure (morphologies, structure cristalline/phase et texture) a été étudiée, la relation entre les microstructures et les conditions de dépôt a été clarifiée. Par des analyses approfondies des résultats expérimentaux, trois mécanismes typiques de croissance de dépôt ont été proposées en se basant sur les évolutions des microstructures et des textures :

- Le « mécanisme goutte-liquide » : le précurseur atteint la surface de dépôt sous forme de gouttes liquides de solution ; ce mécanisme résulte en petites nano-cristallites du film déposé et une morphologie de surface corallienne.

- Le « mécanisme-colloïde » : le précurseur atteint et réagit avec la surface du substrat sous forme de colloïdes solides ; ce mécanisme est caractérisé par une grande vitesse de nucléation et une faible vitesse de cristallisation, créant une faible taille des cristallites.

- Le « mécanisme-vapeur » : le précurseur est complètement vaporisé avant d'atteindre la surface de dépôt. Il est caractérisé par une faible vitesse de nucléation et une grande vitesse de cristallisation.

Les structures cristallines des films déposés sont donc dépendantes de la vitesse de nucléation et la vitesse de cristallisation du dépôt. La phase tétragonale de ZrO$_2$ peut être obtenue en augmentant la vitesse de nucléation (une faible température de dépôt, un débit important de précurseur) ou en diminuant la vitesse de cristallisation (un petit débit d'oxygène, un débit très faible de précurseur).

Les résultats expérimentaux et l'analyse des contraintes associées ont été utilisés pour comprendre le mécanisme de génération des contraintes dans les films de ZrO_2. Les contraintes de croissance en compression, sont en relation directe avec la diffusion atomique et la quantité d'espèces piégées dans le film. Lors du dépôt, la surface libre est dans un état non-équilibre (super-saturé) avec un excès d'espèces. Le potentiel chimique de la surface sera fonction de la concentration des espèces et il sera plus élevé à la surface des cristallites qu'aux joints de cristallites. L'insertion d'espèces supplémentaires dans les joints de cristallites conduit à un état de contrainte de compression. Ensuite, le piégeage des espèces diffusées aux joints de cristallites conduit à un état de contrainte en compression. Plus le procédé de dépôt continu, moins d'espèces sont pris au piège dans les nouvelles couches formées par rapport aux premières couches, résultant un gradient de compression dans le film déposé

La formation de la texture cristallographique est complexe dans les films de ZrO_2 déposées par MOCVD, car plusieurs orientations préférentielles ont été observées dans ce travail. Deux types de textures cristallographiques ont été étudiées et analysées dans la phase tétragonale : la texture de fibre $\{1\ 1\ 0\}_t$ est considérée comme le résultat couplé de l'effet superplastique des nano-cristallites de ZrO_2 à la contrainte de croissance de compression ; tandis que le deuxième type de texture avec une surface en facette est considéré comme le résultat de la concurrence de croissance de différents plans cristallographiques dont les vitesses de croissance sont différentes, ce processus de croissance est proposé initialement par Van de Drift. De plus dans le système de ZrO_2, la taille critique pour la stabilisation de phase tétragonale intervient aussi. On a donc proposé différentes possibilités pour la croissance du film quand la taille des cristallites atteindront la taille critique à laquelle se déclenche une transformation de phases t→m :

- La transformation de phase t→m se passe alors que le film continue à cr oître
  en tant que phase monoclinique ;
- Les cristallites cessent de cr oître, et la nouvelle nucl éation se produit sur la
  surface existante en facette.

Nous proposons l'existence d'une énergie critique pour la transformation de phase
t→m lors du d épôt, qui est en relation directe avec la tempér ature de d épôt et le
potentiel chimique de la surface de d épôt. Tandis que le potentiel chimique de la surface
est détermin é par la population des esp èces en surface. La texture est d évcloppée par
une vitesse de croissance anisotrope, quelques cristallites gagnent la comp étition, et
quelques cristallites ont ét é couvertes par les cristallites voisines, jusqu'à ce qu'elles
atteignent la taille critique. Puis la transformation de phase t→m sera d éclench ée par
une fluctuation d'énergie. Si la variation d'énergie est trop faible, la transformation de
phase t→m sera stoppée. La nouvelle nucl éation va se passer sur la surface en facette
d éj à existante. Ces nouvelles cristallites sont un nouveau départ pour une autre
croissance en comp étition.

La stabilisation de la phase t étragonale des films de ZrO_2 d éposés par MOCVD a
ét é analysée et discut é. En se basant sur notre observation, nous proposons que : en
plus de la taille critique des cristallites, la stabilisation de la phase tétragonale est
favoris é par deux autres mécanismes :
- La grande quantit é des défauts cristallins : la phase t étragonale de ZrO_2 a une
  plus grande sym étrie que la phase monoclinique. Les d éfauts dans la phase
  t étragonale ont donc une énergie moins importante que les d éfauts dans la
  phase monoclinique.
- La morphologie des cristallites : la stabilisation de la phase t étragonale de
  ZrO_2 est tr ès sensible à la taille critique et à la morphologie des cristallites. Les
  facettes de faible énergie de surface pourraient stabiliser la phase t étragonale
  et augmenter la taille critique pour la transformation de la phase de t→m.

En perspectives de ce travail, plusieurs directions peuvent être envisagées pour poursuivre et approfondir cette étude.

Concernant le gradient de structure et de texture dans le système de film de ZrO_2 déposé par MOCVD :

- Le gradient de microstructures (défauts cristallins) a été déterminé par des analyses qualitatives. Une détermination quantitative serait intéressante. Aussi, un gradient stœchiométrique peut exister dans ces films de ZrO_2.

- D'après nos résultats, il y a grande possibilité qu'un gradient de texture existe dans les films de ZrO_2. On a essayé d'analyser le gradient de texture par la technique d'EBSD dans la section transversale des films et développer une méthode d'analyse par DRX en incidence variable pour caractériser le gradient de texture, mais jusqu'a maintenant, peu de résultats exploitables ont été obtenus, à cause des difficultés expérimentales et d'un manque de temps.

Concernant la formation de la texture dans le système de film ZrO_2 déposé par MOCVD :

- On a observé que la pression de dépôt a une grande influence sur l'évolution de la texture, mais malheureusement, nos résultats sont trop limités pour obtenir une conclusion. Il faut donc faire varier la pression avec une plus grande amplitude.

- Le rapport entre le flux d'oxygène et le débit de précurseur a une influence sur la formation et l'évolution de la texture pour les dépôts réalisés avec le « mécanisme-vapeur », à cause de différente vitesse de croissance dans des plans préférentiels des atomes de Zr ou des atomes d'oxygène due à la différence des potentiels chimiques superficielle des espères étudiées. Cet aspect sera intéressant à étudier.

Concernant la stabilisation de la phase tétragonale de ZrO_2 :

- Les contraintes de compression ont une forte influence sur la stabilisation de la phase tétragonale selon nos analyses qui sont présentées en annexe 1, mais il est très difficile de préparer les échantillons avec une taille de cristallites proche de la taille critique et en même temps sensibles au niveau et à la distribution des contraintes (internes, externe ...). Des études plus poussées seront nécessaires pour éclaircir cet aspect.

- Dans l'annexe 5, les résultats de la transformation de phases réversible m→t observée sur des échantillons avec la morphologie en facette sont présentés. Des études supplémentaires et systématiques devraient se poursuivre pour mieux comprendre les principales causes de la stabilisation de la phase tétragonale de ZrO_2.

Annexe 1 : Etude de l'influence des contraintes résiduelles sur la stabilisation de la phase tétragonale de ZrO_2

Des films de ZrO_2 sans texture ont été élaborés avec les conditions d'élaboration optimisées montrées dans le Tableau A1-1.

La durée de recuit est de 10 heures afin de libérer totalement les contraintes résiduelles générées lors du dépôt et du refroidissement.

Précurseur	$Zr(thd)_4$
Température du substrat	630 °C
Température d'évaporation	250 °C
Pression totale	800 Pa
Flux d'O_2	8 L/h
Flux de N_2 (gaz porteur)	2 L/h
Apport de Zr(thd)4	0,24 g/h.cm^2

Tableau A1-1 Conditions expérimentales pour le dépôt de film ZrO_2

La structure cristalline des films après dépôt et après recuit a été déterminée par DRX. La taille moyenne des nano-cristallites a été estimée, à partir des pics de diffraction de la phase tétragonale $\{0\ 1\ 1\}_t$, en utilisant l'équation de Scherrer.

La figure A1-1 montre que la morphologie de surface des films déposés est assez homogène. La microstructure des films est dense sans fissures ni trous. La méthode classique d'analyse des CR par DRX (la méthode des $\sin^2\psi$, 13 valeurs de ψ entre -63 ° à 63 °) est d'abord appliquée pour déterminer le niveau moyen des contraintes résiduelles (figure A1-2). La déformation élastique en fonction des $\sin^2\psi$ n'est pas linéaire. Ces résultats montrent également la présence d'un fort gradient de contrainte dans les films, cependant il y a une grande incertitude sur les résultats obtenus.

La figure A1-3 montre la distribution des CR en fonction de la profondeur en utilisant la famille des plans $\{0\ 1\ 1\}_t$ avec la méthode de pénétration constante de profondeur . Un fort gradient de CR a été observé Le niveau de CR de traction dans les films, parallèlement à la surface, diminue avec l'augmentation de la profondeur de pénétration, puis évolue vers une CR de compression.

La contrainte thermique est estimée par l'équation de JK Tien et JM Davidson (Formula 1-2).

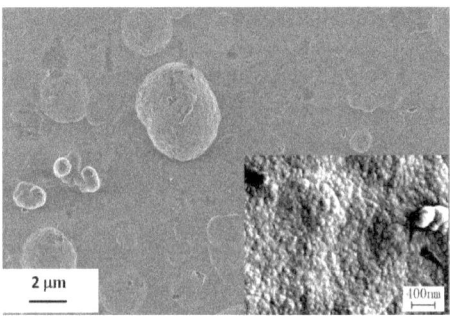

Figure. A1-1 Micrographies obtenues par MEB-FEG en surface des films de ZrO_2.

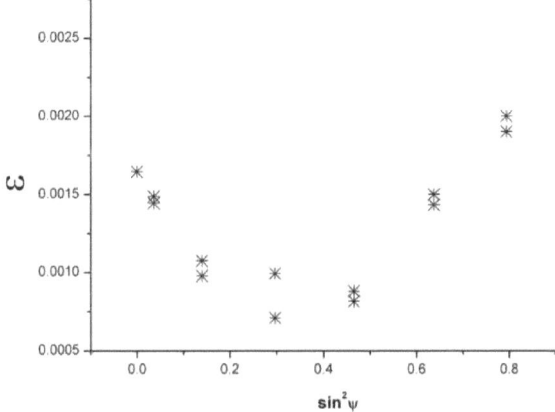

Figure. A1-2 Evolution des déformations en fonction des $\sin^2\psi$ obtenues par la méthode d'analyse des $\sin^2\psi$.

La CR observée après le dépôt est issue de deux sources : la contrainte thermique et la contrainte de croissance.

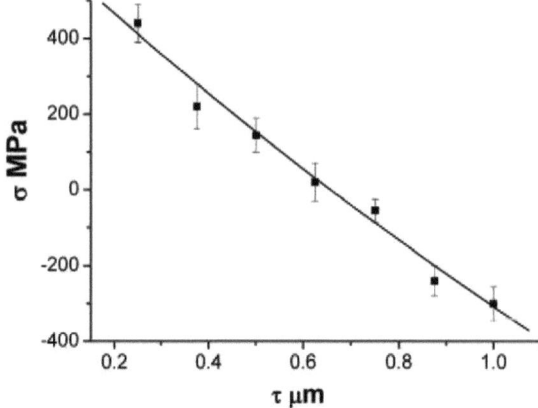

Figure. A1-3 : Gradient de contraintes résiduelles analysées par DRX en faible

incidence avec la méthode de pénétration constante en fonction de la de profondeur

Comme illustrée dans la Figure A1-4, le film est composé seulement de la phase tétragonale. La taille moyenne des nano-cristallites du film après dépôt, est estimée à 7,8 nm ($2\theta = 30,27$ ° et la largeur moyenne à mi-hauteur = 1,06 °). Après un recuit à différentes températures pendant 10 heures, les CR de croissance devraient être entièrement libérées.

Recuit	Largeur à mi-hauteur ($2\theta = 30,27$ °)	Taille des cristallises [nm]	Contraintes résiduelles [GPa]
après dépôt	1,06	8	+0,1
500 °C10 h	1,05	8	+1,3
750 °C 10 h	0,74	11	+2,0
825 °C 10 h	0,70	12	+2,2
900 °C 10 h	0,55	15	+2,4
1000 °C 10 h	0,52 (monoclinique $2\theta=28.2$ °)	16 (monoclinique)	+2,7

Tableau A1-2 : Taille moyenne des nano-cristallites et contraintes résiduelles dans les

échantillons avant et après recuit à différentes températures.

Selon les diffractogrammes (Figure A1-4), il n'y a pas de transformation de phase à différentes températures de recuit, sauf à 1000 °C. La taille moyenne des nano-cristallites augmente avec l'augmentation de la température de recuit (Tableau A1-2). On n'observe pas de différence de taille des nano-cristallites entre le film après dépôt et après un recuit à 500 °C, par contre les contraintes résiduelles de traction ne sont plus que les contraintes thermiques, ce qui représente environ +1,3 GPa. Comme nous estimons la contrainte thermique de l'échantillon recuit à 1000 °C à environ +2,7 GPa (en traction), on peut en déduire que la taille critique des nano-cristallites de la transformation de phase (t→m) est comprise entre 15 à 16 nm sous une contrainte de traction comprise entre 2,4 à 2,7 GPa. De nombreux chercheurs ont déclaré que la taille critique de transformation de phase t→m de ZrO_2 est comprise entre 18 nm et 30 nm pour les films de ZrO_2 déposés à des conditions différentes que les nôtres, 18nm pour des ZrO_2 en poudre et pour 30 nm en ZrO_2 massif. Ces différents résultats ne tiennent pas compte des contraintes résiduelles. Pourtant de nombreuses études ont montré que les contraintes résiduelles ont un effet extrêmement important sur la stabilisation de phase. En effet les contraintes de compression permettraient de stabiliser la phase tétragonale et les contraintes de traction seraient responsables de la transformation de phase de t→m.

La variation d'énergie de la transformation de phase t→m est supposée être :

$$\Delta G^{t-m} = \Delta G^{chemical} + \Delta G^{strain} + \Delta G^{else} \qquad \text{Eq.A-1}$$

L'énergie libre de surface de la phase tétragonale de ZrO_2 est plus petite que celle de la phase monoclinique. Selon l'équation A-1, lorsque la taille des nano-cristallites diminue, la surface libre est plus importante ; la présence de la phase tétragonale réduit donc l'énergie libre totale de surface. Le changement du volume lors de la transformation de phase t→m va augmenter le terme ΔG^{strain}. La contrainte de traction va diminuer ΔG^{strain}, tandis que la contrainte de compression augmente ΔG^{strain}. L'existence de contraintes de compression plus importantes rend plus difficile la transformation de phase t→m. L'état de contraintes résiduelles est en effet en relation directe avec la taille critique des nano-cristallites pour la transformation de phase t→m.

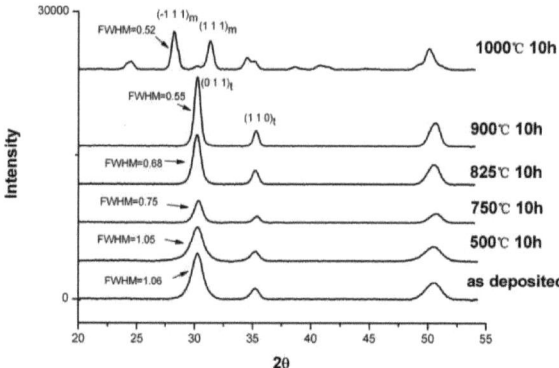

Figure A1-4 Diffractogrammes du film mince de type I après dépôt et après recuit à différentes températures.

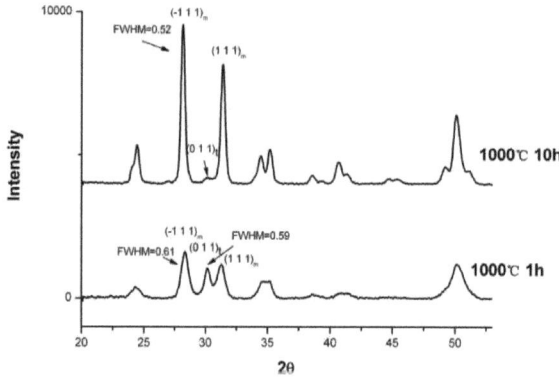

Figure A1-5 Diffractogrammes des échantillons recuit à 1000 ℃ pendant 1h et pendant 10h.

L'échantillon recuit à 1000 °C pendant 1 heure présente une structure biphasée, tétragonale et monoclinique (figure A1-5). Comme les films sont très denses, le changement de volume dû à la transformation de phase t→m entraîne une forte contrainte de compression. De plus, la durée de recuit n'est pas assez longue pour libérer complètement les CR, l'état de contrainte dans cet échantillon est très complexe. La taille des nano-cristallites calculée dans cet échantillon est de 13,5 nm pour la phase monoclinique et de 14 nm pour la phase tétragonale. Cette valeur est plus petite que celle de l'échantillon recuit à 900 °C à 10 h (15 nm). Cependant, considérant que la contrainte résiduelle dans cet échantillon est bien plus compliquée, c'est peut être pourquoi la taille des nano-cristallites est différente.

L'échantillon sans texture est choisi pour l'étude de l'influence de contrainte sur la stabilisation de phase tétragonale. Le problème de cette étude est le manque de la considération des défauts cristallins pour le calcul de la taille de cristallites. L'étude de la microstructure est nécessaire pour obtenir une conclusion pertinente. Des études plus poussées seront nécessaires en tenant compte de la réalité de la microstructure dans les films élaborés.

Annexe 2 : Etude des défauts cristallins par MET et MET à haute résolution

Des films de ZrO$_2$ de type E ont été élaborés avec les conditions optimisées montrées dans le Tableau 3-2. L'échantillon avant recuit (ZrO$_2$ monophasé de tétragonale) et après recuit (ZrO$_2$ bi-phasée de tétragonale et monoclinique) à 1050 °C a été utilisé pour la caractérisation par MET.

Résultats avant recuit :

La microstructure de l'échantillon avant recuit obtenue par MET avec champ lumineux (Bright-Field) montre des cristallites colonnaires avec une largeur d'environ 100 à 400 nm et une longueur qui traverse toute l'épaisseur de l'échantillon. Les contrastes complexes de dendrites sont également visibles au sein de ces colonnes.

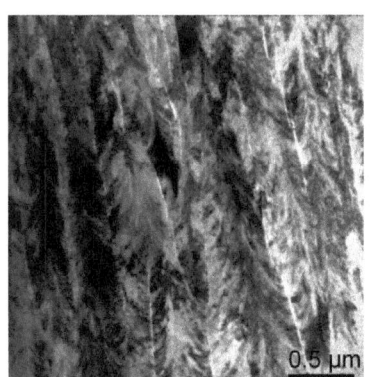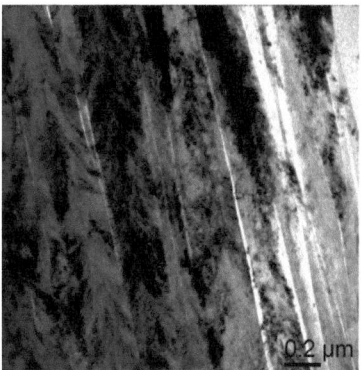

Figure : A2-1 Microstructure de l'échantillon avant recuit obtenue par MET avec champ lumineux (Bright-Field)

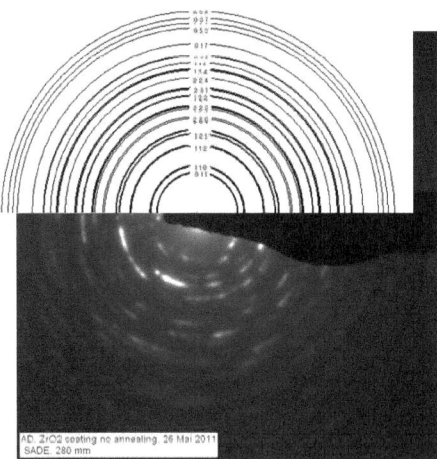

Figure. A2-2 Cliché de SAED (selected area electron diffraction) pour plusieurs

colonnes de l'échantillon avant recuit.

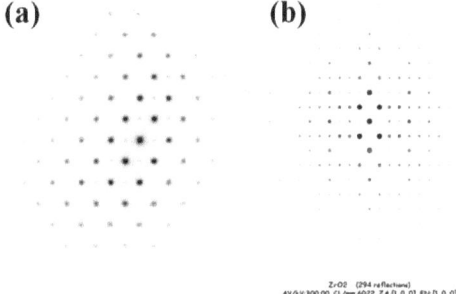

Figure. A2-3 (a) Cliché de microdiffraction électronique dans une colonne avec une

taille du faisceau de 30 nm de l'échantillon avant recuit et (b) Simulation par JEMS

Le cliché de SAED correspondant à plusieurs colonnes a été enregistré et indexé. Le
cliché de microdiffraction électronique issu d'une seule colonne a été indexé sur l'axe
[100] de la phase t-ZrO$_2$.

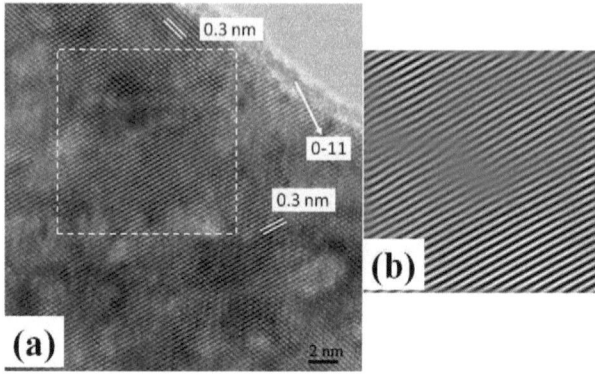

Figure. A2-4 (a) Image obtenue par MET à haute résolution pour l'échantillon avant le recuit et (b) Détail obtenu après un traitement de FFT inversée (inverse Fast Fourier transform)

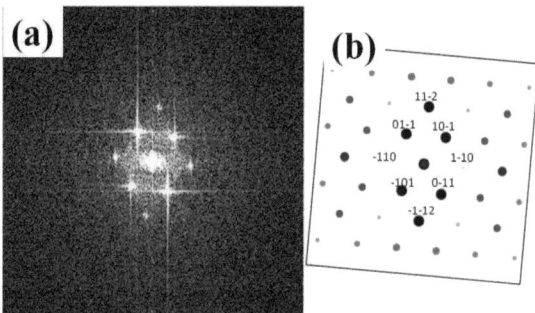

Figure. A2-5 (a) Microdiffraction électronique d'une cristallite de la phase tétragonale dans la direction [111] et (b) Simulation correspondante en JEMS pour l'échantillon avant recuit

L'image en MET à haute résolution pour l'échantillon avant le recuit (Figure A2-4) contient des informations très riches. Le détail de la transformation de Fourier inversée (FFT) de la zone sélectionnée de l'image est compatible avec celui de la simulation par JEMS et est indexé dans l'axe [1 1 1] de la phase t-ZrO_2. L'espacement mesuré directement à partir de cette image est d'environ 0,3 nm, ce qui correspond à la distance interréticuliare des plans $\{0\ 1\ 1\}_t$.

La FFT inversée de la zone sélectionnée, en utilisant les réflexions 01-1 et 0-11, montre clairement la trace d'une dislocation.

Le cliché correspondant de SAED a été enregistré (Figure A2-5). Mais l'indexation reste ambiguë et difficile.

Résultats après recuit :

La Figure A2-6 montre que la microstructure dans la section du film est globalement colonnaire. Le cliché de microdiffraction électronique obtenu sur plusieurs colonnes est enregistré et une bonne indexation par le SAED est également difficile, puisque les anneaux de diffraction sont très proches les un des autres et qu'une deuxième phase est apparue après le recuit.

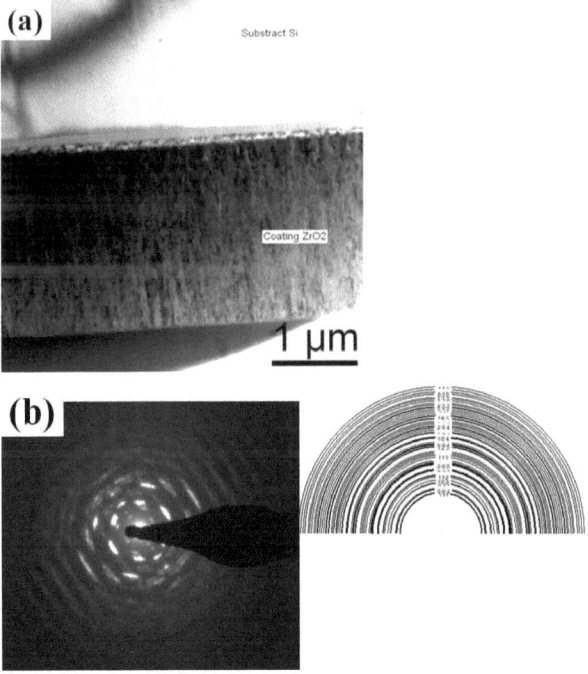

Figure. A2-6 (a) Image de la microstructure en section transverse, (b) Cliché de SAED et (c) Simulation par JEMS pour l'échantillon après recuit.

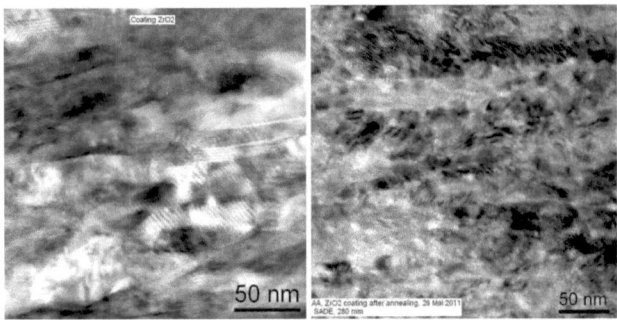

Figure. A2-7 Images de structures observées au MET pour l'échantillon après recuit

(transformation de phase)

Par rapport àl'échantillon avant recuit, les franges de Moirée sont visibles partout dans cet échantillon après recuit (Figure 2A-7). Ces franges sont contribués par la zone commune recouverte par deux cristaux indiquant que la taille des cristallites est de l'ordre de 30-40 nm. Les franges de rotation ou mixte de Moirée indiquent également la désorientation locale des deux cristaux qui se chevauchent.

La largeur des colonnes est inférieure à 100 nm. Comparativement, après un recuit, la taille moyenne des cristallites a été réduite.

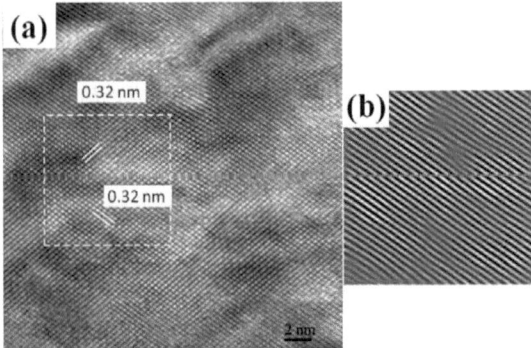

Figure. 2A-8 (a) Image obtenues en TEM à haute résolution pour l'échantillon après recuit et (b) Détail obtenu après un traitement de FFT inversée (inverse Fast Fourier

Transform)

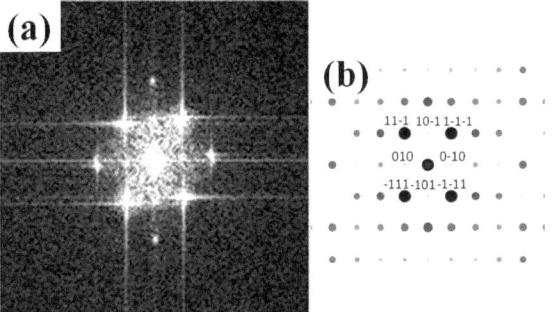

Figure. 2A-9 (a) Cliché de microdiffraction électronique dans la phase monoclinique suivant la direction [101] et (b) simulation correspondante en JEMS pour l'échantillon après recuit

L'existence d'une dislocation est ici révélée par le détail obtenu après un traitement de FFT inversée en utilisant des réflexions 1-1-1 et -111 dans la zone sélectionnée de l'image.

La valeur mesurée de l'espacement est de 0,32 nm correspondant à la distance interréticulaire des plans {1 1 1}$_m$.

Annexe 3 : Etude par XPS

Les expériences de XPS (X-ray photoelectron spectroscopy) ont été réalisées pour analyser la contamination éventuelle de carbone des films déposés par MOCVD.

Les résultats d'XPS montrent qu'il y a aucune contamination de carbone dans nos échantillons étudiés.

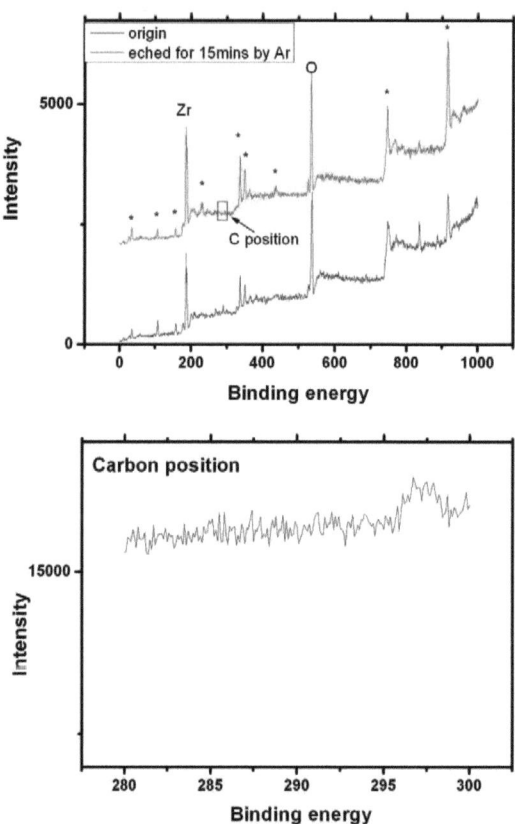

Figure. A3-1 : Spectres XPS obtenus sur l'échantillon de type F, étudié dans chapitre 3 (* : les pics des éléments de stade d'échantillon)

Annexe 4 : Etude par SIMS et traitements thermiques sous $^{18}O_2$

Ces exp ériences de SIMS (Spectrométrie de Masse d'Ions Secondaires) et traitements thermiques sous $^{18}O_2$ ont ét é r éalis ées dans le but d'étudier le rapport entre les ions de Zr et d'oxygène, afin d'estimer la stœchiométrie des films de ZrO_2 d épos és par MOCVD. Les échantillons de type L (flux d'oxygène 20% ; chapitre 3) ont été choisis pour cette étude. Les échantillons ont ét é écoup és avec un stylo à pointe diamant, la moitié de cet échantillon a ét é recuit dans un premier temps à 900 °C pendant 10 heures sous air, puis dans un deuxi ème temps à 900 °C pendant 10 heures sous $^{18}O_2$. L'autre moitié de l'échantillon a seulement été recuit à 900 °C pendant 10 heures sous $^{18}O_2$. Ces deux échantillons ont ét é ensuite analysés par la technique de SIMS pour suivre l'évolution des ions de $^{'18}O$, ^{16}O et ^{28}Si.

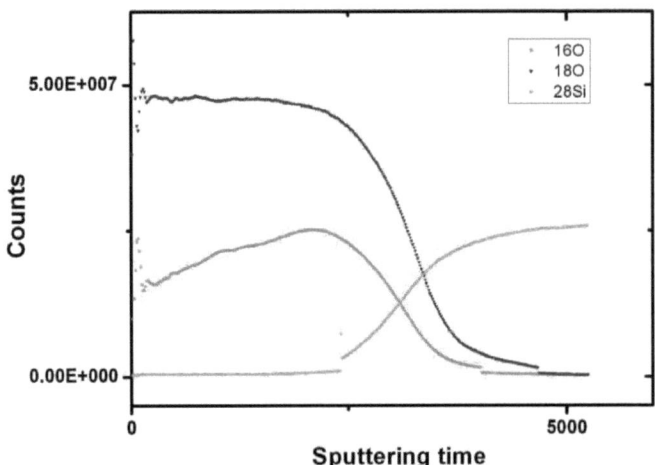

Figure. A4-1 Résultat de SIMS pour l'échantillon recuit à 900 °C sous $^{18}O_2$ pendant 10 h (type L)

Le résultat de SIMS sur l'échantillon recuit à 900 °C sous $^{18}O_2$ pendant 10 h indique qu'il y a un gradient d'oxygène dans le film, car on observe une augmentation de ^{16}O avec la profondeur. Et une stabilisation de ^{18}O a été observée en surface.

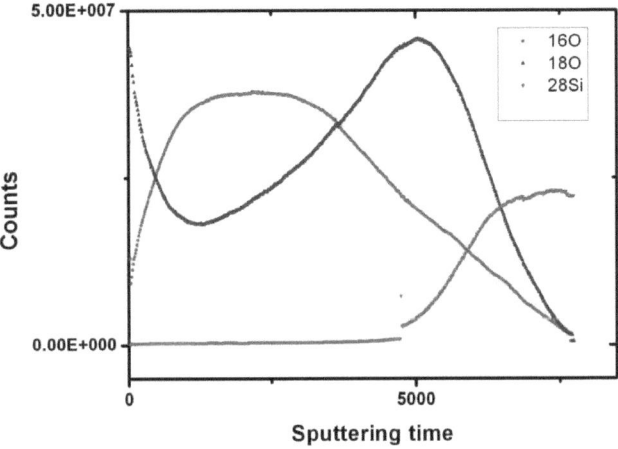

Figure. A4-2 Résultat de SIMS pour l'échantillon recuit à 900 °C sous air pendant 10 h puis sous ^{18}O$_2$ à 900 °C pendant 10 h (type L)

Après un recuit à l'air pendant 10 heures puis à ^{18}O$_2$ pendant 10 heures, la quantité de ^{18}O dans les films de ZrO$_2$ est moins importante comparée à celle obtenue dans la Figure A4-1. Mais le même niveau de ^{18}O a été trouvé à l'interface ZrO$_2$/Si.

D'après les résultats des Figures A4-1 et A4-2, une possible insuffisance d'oxygène dans le dépôt de type L a été démontrée. Des expériences similaires ont été réalisées pour d'autres échantillons (type F, type E et type B) et l'évolution des ions ^{16}O et ^{18}O est comparable à celle obtenue dans la Figure A4-3.

Bien que la technique de SIMS ne soit pas suffisamment sensible à la stœchiométrie (l'analyse quantitative n'est pas possible), nous avons observé qu'il existe un gradient du rapport entre les ions de Zr et d'oxygène dans certains de nos échantillons, ce qui nous indique une certaine insuffisance en oxygène, donc une certaine dérive par rapport à la stœchiométrie idéale. Plus d'expériences devraient être r éalis ées à l'avenir pour confirmer ce phénomène.

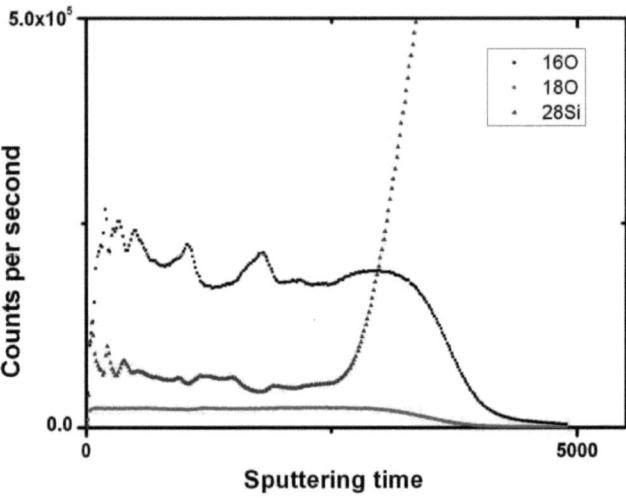

Figure. A4-3 Résultat de SIMS pour l'échantillon recuit à 900 °C sous $^{18}O_2$ pendant 1 h

(type B)

Annexe 5 : Observation de la transformation de phase m➔t sur échantillon de type III après attaque chimique (chapitre 4)

Dans le chapitre 4, on a observé la transformation de phase t➔m après attaque chimique pour les échantillons de type C. Mais la phase monoclinique après attaque chimique n'est pas stable. La transformation de phase inverse m➔t se passe automatiquement après un mois de stockage des échantillons, qui est associé à un changement de morphologie de surface.

On peut aussi voir un décalage de position de pic de DRX vers les grands angles en 2θ pour l'échantillon juste après une attaque chimique, indiquant la génération des contraintes de compression. Mais après un mois de stockage, la position du pic de DRX est revenu à sa position initiale, il est donc possible que la transformation inversée de phase m ➔ t soit aussi en relation avec la contrainte de compression générée lors de l'attaque chimique.

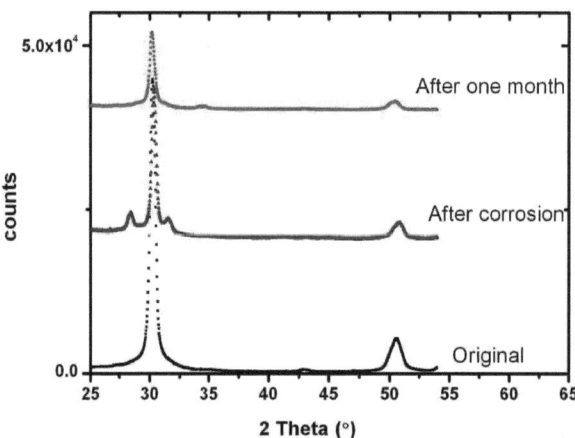

Figure. A5-1 : Diagrammes de DRX pour les échantillons après dépôt MOCVD, après attaque chimique et après attaque chimique suivi d'un mois de stockage.

Le changement de morphologie de surface est montré dans Figure A5-2. La structure en facette a été détruite partiellement après attaque chimique ; mais la forme des cristallites est encore de type facette. Le résultat de la DRX a montré l'apparition de la phase monoclinique juste après attaque. Ensuite, l'échantillon après attaque chimique est conservé à température ambiante pendant un mois dans un dessiccateur. La transformation inversée de phase m ➔ t est observée (Figure A5-1) et la morphologie de surface a complètement changée, comme il est montré dans la Figure A5-2c. La structure en facette a complètement disparu, il semble que les cristallites en facette se soient brisées en plusieurs petites cristallites. En comparaison, les échantillons après dépôt n'ayant pas subi d'attaque chimique sont très stables. En effet, après plusieurs mois, aucun changement de structure n'a été observé.

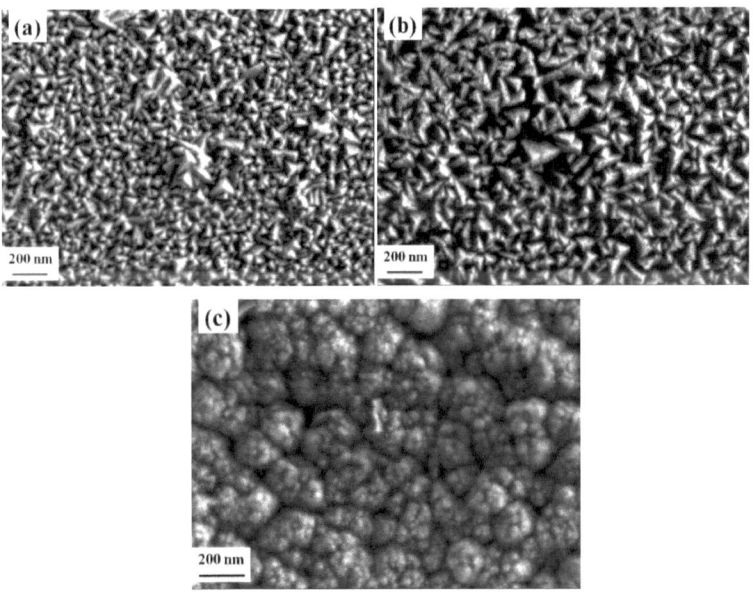

Figure. A5-2 Images de morphologies de surface observées au MEB-FEG : (a) l'échantillon avant attaque chimique ; (b) l'échantillon après attaque chimique ; (c) l'échantillon après attaque et après un mois de stockage

Ces résultats montrent que la phase monoclinique après attaque chimique n'est pas stable, et la stabilisation de phase de ZrO_2 est en relation avec la forme des cristallites. Des études supplémentaires et systématiques devraient se poursuivre pour mieux comprendre les principales causes de la stabilisation de la phase tétragonale de ZrO_2.

Printed by Books on Demand GmbH, Norderstedt / Germany